中国地质调查"1212011014027"项目资助
国家自然科学基金委(面上)项目(41372321)资助

三峡库区高陡岸坡成灾机理研究

黄波林 刘广宁 王世昌 陈小婷 齐 信 著

科学出版社
北 京

内 容 简 介

本书首先系统总结了三峡库区各段高陡岸坡倾倒、滑移、剥落和倾倒转滑移等主要的变形破坏现象。基于茅草坡斜坡、龚家坊4#斜坡、箭穿洞危岩体、青石滑坡、横石溪危岩体5处典型高陡变形岸坡的详细调查和长期观测研究，提出三峡库区部分消落带岩体正在劣化，揭示库水波动加速了典型高陡岸坡的变形破坏。这些高陡岸坡失稳的主要致灾模式为涌浪，涌浪灾害影响范围更远更大。建立了三峡库区干流和支流崩滑体涌浪概化模型，开展了大量概化涌浪试验和龚家坊崩滑体缩尺试验，推导形成了刚性块体和散粒体的一系列滑坡涌浪公式，研究了涌浪的三维地貌效应。引入局部水头损失公式，初步建立了可计算全河道涌浪的公式法计算体系。针对崩塌落石和支流滑坡产生的涌浪问题，建立了N-S方程的流体-固体耦合涌浪分析方法。针对长距离、大范围的涌浪灾害问题，构建了基于波浪理论的滑坡涌浪数值计算方法。并利用滑坡涌浪案例进行了各方法的有效性验证。

本书适合水利、工程地质和地质灾害的专业人员使用，也可作为相关专业研究生的专业读本。

图书在版编目（CIP）数据

三峡库区高陡岸坡成灾机理研究/黄波林等著. —北京：科学出版社，2015.7

ISBN 978-7-03-045128-6

Ⅰ.①三… Ⅱ.①黄… Ⅲ.①三峡-岸坡-灾害学-地质学 Ⅳ.①P694

中国版本图书馆CIP数据核字（2015）第133716号

责任编辑：张井飞/责任校对：赵桂芬
责任印制：肖 兴/封面设计：耕者设计工作室

科学出版社 出版
北京东黄城根北街16号
邮政编码：100717
http://www.sciencep.com

中国科学院印刷厂 印刷
科学出版社发行 各地新华书店经销
*
2015年7月第 一 版 开本：720×1000 1/16
2015年7月第一次印刷 印张：15 1/4
字数：300 000
定价：156.00元
（如有印装质量问题，我社负责调换）

序

  滑坡涌浪一直对长江三峡的航道和城镇构成重大危害。1982年6月12日，位于西陵峡的新滩滑坡将千年古镇摧毁入江，形成了54m高的巨浪灾害。三峡水库蓄水后，滑坡涌浪灾害愈加突出。2008年三峡水库175m试验性蓄水伊始，位于巫峡的龚家坊崩滑入江，形成了13m高的涌浪，对长江航运和巫山县城带来了危害。

  近十年来，黄波林博士坚持在三峡库区开展野外研究，提出了较为系统的峡谷区滑坡崩塌触发涌浪灾害的研究方法，在此基础上，形成了本专著。作者从三峡库区瞿塘峡、巫峡、西陵峡高陡岸坡及危岩的发育与分布规律入手，将岸坡失稳模式与涌浪分析方法进行结合，采用物理试验、数值模拟等手段，对高陡崩滑体形成的涌浪灾害进行了富有成效的研究。基于岸坡失稳模式和水体条件对三峡库区滑坡涌浪类型进行了分类，通过物理试验，推导了刚性块体和散粒体滑坡涌浪的计算公式，初步建立了可计算全河道涌浪的公式法。针对崩塌落石和支流浅水区滑坡产生复杂涌浪问题，构建了流体-固体耦合涌浪分析方法。作者还通过三峡库区龚家坊滑坡、千将坪滑坡涌浪案例，对这些方法进行了实证。

  本书理论与实践相结合，不仅对三峡库区滑坡涌浪灾害的评价和风险管理起到了很好的支撑作用，相信也将推动我国峡谷区滑坡涌浪灾害的研究更上一层楼。我非常乐意为本书题序，希望作者持之以恒，取得更加丰硕的成果。

国际滑坡协会主席

2015年4月3日

前　言

三峡库区地质结构复杂,历来是地质灾害高发区域,尤其是高陡岸坡发育区域,失稳时运动速度快,涌浪致灾效应大,威胁范围广。2010 年"三峡库区高陡岸坡成灾机理研究"项目启动,研究的主要内容之一就是滑坡涌浪灾害。项目团队通过团结协作,克服了种种困难,从开始的不知所措,到如今可以主动分析存在的问题和深挖问题的根源,可谓感慨万千,体会较多。

高陡岸坡成灾机理研究问题是一个很大的课题,也是三峡库区安全运营的关键地质问题之一。由于水平所限,本书仅对三峡库区典型库岸段成灾模式及重点崩滑体涌浪成灾案例进行了粗略分析。作者将这几年的成果进行系统梳理总结,形成于文,以期为该领域的研究贡献绵薄之力。

第 1 章至第 2 章梳理总结了西陵峡、巫峡、瞿塘峡三个峡谷段高陡岸坡发育及危岩体分布特征,重点分析了巫峡段岩质库岸的岸坡结构类型和变形破坏模式。

第 3 章至第 4 章以 5 个典型崩塌和滑坡为例,研究了库水位波动对高陡岸坡的影响;通过高陡岸坡失稳-涌浪致灾实例,划分涌浪类型。

第 5 章构建了滑坡涌浪应急监测方法,对龚家坊残留危岩体爆破清除产生的涌浪进行了现场监测和数据分析。

第 6 章至第 7 章分别采用概化涌浪物理试验和原型缩尺涌浪物理试验对概化的滑坡涌浪和龚家坊崩滑体产生的涌浪进行了深入研究,推导了系列涌浪计算公式。

第 8 章至第 10 章分别构建了涌浪计算公式法、流固耦合的 N-S 方程法和波浪理论方法对各类型滑坡涌浪进行了研究。

第 11 章至第 12 章主要对高陡岸坡成灾风险管理措施进行了分析,得出了结论和建议。

本专著成果是在以下项目的资助下完成的:中国地质调查项目"三峡库区高陡岸坡成灾机理研究",国家自然科学基金委(面上)项目"基于水波动力学的水库崩塌滑坡涌浪研究"。全书第 1 章至第 12 章均由黄波林、刘广宁、王世昌、陈小婷执笔合力完成,文中部分图件由齐信所作。

项目执行过程中,始终得到了殷跃平研究员的指导和帮助。本书也是在中国地质调查局计划项目"西部复杂山体地质灾害成灾模式研究"的业务指导下完成的,因此感谢中国科学院地质力学所侯春堂研究员、吴树仁研究员、张永双研究员、李滨博士、冯振博士、韩金良博士、王涛博士、闫金凯博士、张明博士后、孙萍副研究员的大力支持和指导。中国地质调查局文冬光研究员、张作辰研究员、李铁锋研究员、李晓春博士、石菊松博士多次赴野外检查指导工作，探讨岩质高陡岸坡失稳模式和涌浪研究等工作，在此致谢。刘传正研究员、许强教授、伍法权研究员、胡新丽教授、李文鹏教授、吴珍汉研究员、文宝萍教授、彭建兵教授、韦京莲教授、程伯禹教授、张茂省研究员、宋军教授、王洪德教授、高幼龙教授，重庆市国土房管局彭光泽处长、马飞处长、王磊处长，巫山国土房管局汪忠来局长、雷瑞新副局长、陈中富主任，国家海洋局第一海洋研究所孙永福研究员、青岛海洋地质研究所彭轩明研究员在多次的项目交流和学术交流沟通中给予了具体的建议和指导，在此表示衷心感谢。

项目执行过程中还得到了外协单位长江科学院水力学研究所韩继斌所长、姜治兵主任、任坤杰博士，长江科学院岩土力学研究所朱杰兵主任，长沙亿拓土木工程监测有限责任公司谢彩霞、张波工程师，珠江水利科学院王磊主任的大力支持和协助。他们为项目成果报告的最终完成做出了贡献。

武汉地质调查中心各相关部门及历届领导也给予了关心和支持，中心主任李金发主任、姚华舟主任、潘仲芳书记、张旺驰副主任、鄢道平副主任，人教处王国强处长，水环室黄长生处长，他们多次亲临野外一线检查指导工作。本项目若干工作在实施过程中同时也得到了雷天赐工程师、喻望高级工程师、霍志涛高级工程师、彭轲教授级高工、黎义勇工程师宝贵帮助，在此表示特别感谢。

在本书完成之际，作者尤其感谢陈立德教授，他带领项目组完成了前期立项论证工作，在项目后期的实施过程也提供了大力的支持和帮助！此外项目开展过程中，项目办金维群处长、总工办胡光明处长时常给项目组出谋划策，提供了大量宝贵建议和想法，项目组受益颇深，在此对他们的关心和帮助表示由衷感谢。

由于学术水平所限，书中难免有不妥之处，敬请读者批评指正。

作　者
2015年3月于武汉

目 录

序
前言
第1章 三峡库区高陡岸坡发育及危岩体分布 ··· 1
1.1 西陵峡高陡岸坡结构及危岩体分布特征 ·· 3
1.2 巫峡高陡岸坡发育及分布特征 ·· 4
1.3 瞿塘峡高陡岸坡发育及分布特征 ··· 7
第2章 巫峡北岸高陡岸坡变形失稳模式分析 ··· 9
2.1 巫峡口-独龙库岸段 ·· 9
2.1.1 不稳定斜坡发育情况 ··· 9
2.1.2 巫峡口-独龙段变形模式 ·· 12
2.1.3 巫峡口-独龙段失稳模式 ·· 17
2.2 箭穿洞-孔明碑库岸段 ··· 21
2.2.1 高陡岸坡及危岩发育 ·· 21
2.2.2 箭穿洞-孔明碑库岸段失稳模式 ·· 23
2.3 其他高陡岸坡段 ·· 27
2.3.1 横石溪-燕窝岩库岸段 ·· 27
2.3.2 抱龙河-培石库岸段 ·· 32
2.4 小结 ·· 35
第3章 典型高陡岸坡及库水对其影响分析 ··· 38
3.1 库水波动对茅草坡斜坡的影响 ··· 38
3.1.1 茅草坡斜坡概况 ··· 38
3.1.2 相对位移监测设置 ··· 40
3.1.3 库水位波动影响 ··· 40
3.2 库水波动对龚家坊4#斜坡的影响 ··· 43
3.2.1 龚家坊4#斜坡概况 ··· 43
3.2.2 相对位移监测 ··· 45
3.2.3 库水位波动影响 ··· 46
3.3 库水波动对箭穿洞危岩体的影响 ··· 48
3.3.1 箭穿洞危岩体概况 ··· 48
3.3.2 库水波动对箭穿洞危岩体的影响 ·· 51

3.4 库水波动对青石滑坡的影响 ·· 53
    3.4.1 青石滑坡概况 ·· 53
    3.4.2 青石滑坡变形失稳模式 ·· 63
    3.4.3 库水波动对青石滑坡的影响 ·· 65
3.5 库水对横石溪危岩体的影响 ·· 67
3.6 巫峡库岸段受库水影响程度分析 ·· 68

第4章 三峡库区高陡岸坡灾害效应分析 ·· 71
4.1 长江三峡高陡岸坡失稳造成的灾害案例 ·· 72
    4.1.1 龚家坊崩塌灾害事件 ·· 72
    4.1.2 新滩滑坡灾害事件 ·· 82
    4.1.3 千将坪滑坡灾害事件 ·· 83
    4.1.4 昭君大桥崩塌灾害事件 ·· 87
4.2 高陡岸坡成灾模式分析 ·· 88
4.3 高陡岸坡涌浪致灾的类型分析 ·· 90

第5章 龚家坊残留危岩体爆破涌浪现场监测 ·· 92
5.1 三峡库区龚家坊残留危岩体概况 ·· 92
5.2 龚家坊残留体涌浪简易监测方法 ·· 94
5.3 龚家坊残留体2011年1月17日爆破产生涌浪监测实例 ···························· 95
5.4 涌浪监测数据分析 ·· 98
    5.4.1 入水速度 ·· 98
    5.4.2 部分水波波函数特征 ·· 100

第6章 崩塌滑坡涌浪概化物理模型试验研究 ·· 102
6.1 深水区涌浪物理模型入水试验 ·· 102
    6.1.1 试验设计分析 ·· 102
    6.1.2 试验结果分析 ·· 109
6.2 中等水深区涌浪物理模型入水试验 ·· 118
    6.2.1 试验设计分析 ·· 119
    6.2.2 试验结果分析 ·· 122
6.3 小结 ·· 129

第7章 崩塌滑坡涌浪原型物理相似试验研究 ·· 132
7.1 滑坡涌浪物理相似试验原理 ·· 132
7.2 龚家坊涌浪物理模型的建立 ·· 134
    7.2.1 河道及崩塌体模型 ·· 134
    7.2.2 试验测试系统 ·· 135
    7.2.3 试验目的及试验组次方案 ·· 136

7.3	物理试验中龚家坊崩塌体入水速度估算 ……………………	137
7.4	龚家坊涌浪过程规律研究 ………………………………………	137
	7.4.1 172.8m 水位涌浪试验结果与试验有效性验证 ………	137
	7.4.2 龚家坊涌浪作用过程分析 ………………………………	138
7.5	不同水位下产生涌浪的高度差异分析 …………………………	143
7.6	小结 ………………………………………………………………	144

第8章 滑坡涌浪公式计算方法研究 …………………………………… 149
- 8.1 滑速经验公式收集整理 ………………………………………… 149
- 8.2 公式体系中的涌浪计算公式收集与整理 ……………………… 150
- 8.3 公式体系计算结果 ……………………………………………… 157
- 8.4 小结 ……………………………………………………………… 161

第9章 基于 N-S 方程的崩塌滑坡涌浪形成研究 …………………… 163
- 9.1 流体力学 N-S 方程简介 ………………………………………… 163
- 9.2 流固耦合崩塌涌浪研究——以剪刀峰崩塌为例 ……………… 164
  - 9.2.1 FLOW-3D 介绍及耦合模型建立 ………………………… 164
  - 9.2.2 流固耦合运动结果分析 ………………………………… 166
- 9.3 浅水顺层滑坡涌浪研究——以千将坪滑坡为例 ……………… 169
  - 9.3.1 千将坪滑坡涌浪模型建立 ……………………………… 169
  - 9.3.2 模型有效性验证 ………………………………………… 170
  - 9.3.3 千将坪滑坡涌浪分析 …………………………………… 172
- 9.4 小结 ……………………………………………………………… 176

第10章 基于波浪理论的崩塌滑坡涌浪传播数值模拟研究 ………… 179
- 10.1 波浪理论概述及研究进展 …………………………………… 179
- 10.2 FAST/GEO-WAVE 模型 ………………………………………… 182
  - 10.2.1 崩滑体初始涌浪计算 …………………………………… 182
  - 10.2.2 传播及爬高计算 ………………………………………… 183
  - 10.2.3 3S 技术的前后处理模块 ……………………………… 184
- 10.3 龚家坊崩滑体涌浪分析与验证研究 ………………………… 185
- 10.4 箭穿洞、龚家坊 4#斜坡、茅草坡涌浪预测 ………………… 190
  - 10.4.1 箭穿洞危岩体涌浪预测 ………………………………… 190
  - 10.4.2 龚家坊 4#斜坡涌浪数值模拟分析 …………………… 195
  - 10.4.3 茅草坡涌浪数值模拟分析 ……………………………… 204
- 10.5 小结 …………………………………………………………… 213

第11章 高陡岸坡成灾风险管理措施 ………………………………… 215
- 11.1 应对高陡岸坡失稳的风险管理措施 ………………………… 215

11.2 应对高陡岸坡形成涌浪的风险管理措施……………………………………… 216
11.3 箭穿洞、龚家坊 4# 斜坡、茅草坡涌浪风险预警分区…………………… 216
  11.3.1 箭穿洞航道涌浪预警分区……………………………………………… 217
  11.3.2 龚家坊 4# 斜坡涌浪预警分区………………………………………… 217
  11.3.3 茅草坡斜坡涌浪预警分区……………………………………………… 219
  11.3.4 小结…………………………………………………………………………… 221

第 12 章 结论与建议……………………………………………………………………… 223
12.1 结论……………………………………………………………………………………… 223
12.2 存在的问题及建议……………………………………………………………… 224

参考文献………………………………………………………………………………………… 226

第1章　三峡库区高陡岸坡发育及危岩体分布

三峡库区库岸斜坡地形地貌特征有明显的差异性，可以清楚的划分为高陡峡谷区和平缓宽谷区。相对高差大于500m且平均坡角≥45°的岸坡段可归为"高陡岸坡"，有些岸坡上部陡立成崖、下部为缓坡呈阶梯状；有些岸坡上部陡崖、中部缓坡、下部陡崖、峻坡呈陡缓相间折线状，通常也将其归为"高陡岸坡"。奉节以西至江津库岸段为四川盆地东部，呈现侵蚀、剥蚀作用而形成的褶皱低山丘陵地貌。其地形地貌受构造控制，长江河谷地形以宽谷为主，库岸斜坡较缓，江面宽阔，最宽达1000m以上。奉节至宜昌出现高陡岸坡组成的峡谷区与平缓斜坡组成的宽谷区相间的地貌。总体上，三峡库区高陡岸坡较集中发育分布于西陵峡、巫峡、瞿塘峡三个峡谷中（图1.1）。三个峡谷山高坡陡，居民聚集地少，很多岸线甚至无人居住。

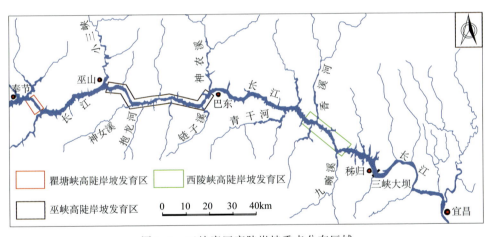

图1.1　三峡库区高陡岸坡重点分布区域

三峡水库峡谷段高差300~1200m。河谷狭窄，岸坡陡峭，长江干流江面一般宽度150~300m，最窄处仅90余米（蓄水前）。岸坡坡度多为35°~55°，局部达到75°以上。区内地势险峻，岩质岸坡地质灾害常有发生。历史上三峡峡谷区就是地质灾害的频发区域。据历史记载自公元100年至今，西陵峡已发生较大的滑坡岩崩14次，其中公元1030年和公元1542年链子崖岩崩规模最大，曾分别阻江碍航21年和82年。

从三峡卫星影像来看（图1.2），三峡库区地质构造线与河流流向小角度相交。当河谷切割硬岩（灰岩、石英砂岩）和构造线时，形成雄壮的峡谷。如河谷切割齐岳山背斜的二叠系、三叠系灰岩形成瞿塘峡。而当河谷与构造线平行或切割为非硬岩区时多形成宽谷。因此，三峡库区高陡岸坡的区域多发育于峡谷硬岩分布区附近。从高陡岸坡的集中发育区来看，主要分布于瞿塘峡夔门段、巫峡大宁河口-独龙段、巫峡望霞-建坪段、巫峡箭穿洞-剪刀峰段、巫峡曲尺滩段、巫峡铁官峡-火焰石段、西陵峡香溪河口-链子崖段、西陵峡九湾溪-庙河段；这些区域对应着齐岳山背斜核部、横石溪背斜、神女峰背斜和黄陵背斜西翼。

图 1.2　三峡库区遥感解译图（ETM 数据）

从高陡岸坡及危岩体的地层岩性来看，瞿塘峡峡谷段大面积出露三叠系下统的灰岩白云岩，二叠系的灰岩在齐岳山背斜核部附近出露；巫峡峡谷段大规模出露的地层除了三叠系的灰岩白云岩外，还有二叠系的灰岩硅质岩等硬岩；西陵峡大规模出露的地层则更多，香溪河口-链子崖段出露二叠、三叠系的灰岩、白云岩、石英砂岩，九畹溪附近则为奥陶系和寒武系的灰岩、白云岩；至下西陵峡地层为前寒武系的灰岩白云岩。因此总体上来看，从瞿塘峡到西陵峡形成高陡峡谷段的地层总体越来越老。

从岩性组合来看，高陡岸坡的组成可分为单一硬质岩体、软硬相间岩体、软基座上伏硬质岩体等类型。单一硬质岩体构成的斜坡多发育危险块体，其破坏多为材料性破坏。由于卸荷风化等因素造成裂隙或岩层相互交切形成块体，随着风化或雨水等营力作用下，裂隙面的强度降低而发生岩体破坏。软硬相间岩体和软基座上伏硬质岩体构成的斜坡则发育危岩群或大型崩滑体，其破坏类型多为结构性与材料性的混合破坏。由于软岩的风化剥蚀或受力压缩引起结构变形，进而引发硬岩的材料性破坏。当结构变形和硬岩材料破坏达到一定的程度不能相互协调后，就会发生大规模破坏。

1.1 西陵峡高陡岸坡结构及危岩体分布特征

三峡库区西陵峡高陡岸坡主要集中发育区间为香溪河口至九畹溪口（兵书宝剑峡）峡谷段（坐标范围：北纬 30°51′56″~30°58′19″，东经 110°44′40″~110°52′34″）。该库岸段长 13.5km，长江在该段河道走向为 NW-SE 向，库岸段内河谷狭窄，岸坡陡峭，属于中低山峡谷地貌。沿江 5km 范围内，长江两岸岸坡高差相差不大，北岸略高于南岸，北岸最高点高程约 1750m，位于新滩滑坡顶部广家崖危岩一带，相对高差约 1500m，南侧最高点高程约 1450m，位于九畹溪右岸一侧山脊上。两岸地貌上基本上呈沟脊相间与长江近垂直展布，总体走向 NNW，因长江切割而间断。受地貌影响该库岸段河面宽度不均，另外因三峡水库调水，河面宽度呈周期性变化，枯水期 145m 水位时，河面最宽处约 1200m，最窄处约 400m，蓄水期 175m 水位时，河面最宽处约 1450m，最窄处约 550m。两岸岸坡坡度多为 40°~60°，局部达到 75°以上，为斜向结构岸坡。

该库岸段位于黄陵背斜西翼，与秭归盆地东翼相接，地层呈单斜构造，其中上游段链子崖、白沱一带挟持 NNE 向仙女山和 NNW 向九畹溪两活动性断裂之间，构造裂隙发育。该库岸段岩层产状为 270°~320°∠25~35°，其主要受卸荷作用及大型结构面切割影响。地层岩性在该区域自下而上出露依次为：①志留系（S_1）。主要有薄层、粉砂岩、泥质粉砂岩、页岩，薄—中层砂岩构成，风化强烈，强度较低，主要分布在广家崖危岩下侧新滩滑坡及对岸一带；②石炭系（C_2）和泥盆系中下统（D_{2+3}）。主要由厚层石英砂岩、中厚层灰岩构成，间夹少量页岩、赤铁矿层，主要分布于链子崖、广家崖危岩局部区域；③二叠系（Pd、Pw、Pm、Pq）。该组主要由含燧石结核灰岩、煤层、炭质页岩构成，主要分布于链子崖、广家崖危岩局部区域；④三叠系嘉陵江组（T_1j）、大冶组（T_1d）和寒武系（ϵ）。主要由中厚层薄层灰岩、白云岩构成，间夹页岩，主要分布于兵书宝剑峡的白沱危岩至香溪河口库岸段。

通过对各个岸坡的详细调查，由于构造原因，西陵峡岸坡均为斜向横向山谷，西陵峡段有以下 4 种岩体结构类型与危岩体密切相关。①块裂状结构岩体，其特征为：厚层巨厚层岩体，发育几条大型结构面，裂隙结构面间距大于 1.5m，裂隙一般上部张开下部闭合，局部形成危险块体。该类型斜坡一般发育大型危岩体，如链子崖危岩体、广家崖危岩体。②碎裂结构岩体，其特征为：中薄层，风化卸荷裂隙发育，裂隙间距小于 0.5m，极发育的结构面一般有 2~3 组，小型的分离体较多。如梭子山危岩体、兵书宝剑峡一带小型孤石，其规模小、发生频率高，且预知性差，危害性较大。③上硬下软结构岩体，其特征为：上部岩体坚硬、强度高、整体性好，抗风化能力强，但下部软岩破坏强烈，坡顶易形成大型纵向裂隙。易形成孤立危岩体，危岩体变形破坏均受下部的软岩控制，如问天简危岩体。④单一层状结构岩体，其特征为岩体成层性较好，多为中薄层岩体，风化卸荷裂隙较多，有层间错动带，裂隙间距 0.5~1.5m，裂隙一般不越层，少量分离体，主要以顺向小型滑落为主，危害性较小，岸坡整体稳定性好，梭子山危岩体上游至香溪河口段多发育该类型结构岩体控制的危岩体。

西陵峡库岸段发育大小危岩体数十余处，集中发育于黄陵背斜与秭归盆地交界处。数量上，长江左岸多于右岸。单体体积上，下游大于上游。其中较典型的有梭子山危岩体、白沱危岩体、链子崖危岩体、广家崖危岩体、问天简危岩体、九畹溪口危岩体。具体分布状况见（图1.3）。

图 1.3　西陵峡高陡岸坡发育及重要危岩体分布

1.2　巫峡高陡岸坡发育及分布特征

高陡岸坡及危岩体在三峡库区巫峡整个峡谷段局部库岸段广泛发育与分布（图1.4），其中黄色框所示的为危岩群，其中•为危岩群内重要、典型危岩单体（坐标范围：北纬 $31°00'15''$~$31°04'39''$，东经 $109°53'48''$~$110°21'42''$）。该库岸段长 42km，巫峡上段河道呈弧形展布，河道走向近 NW-SE 向，中段河道走向 SWW-NEE，下段河道走向为 NWW-SEE。库岸段内河谷狭窄，岸坡陡峭，属于中低山峡谷地貌。该库岸段发育横石溪、神女溪、抱龙河、鳊鱼溪、链子溪几条大的次级支流。沿江 5km 范围内，长江两岸岸坡高差相差不大，北岸最高点高程约 1800m，位于巫峡上段登龙村一带，相对高差约 1600m；南侧最高点高程约 1450m，位于巫峡下段链子溪一带。受地貌及河流切割影响该库岸段河面宽度不均，另外因三峡水库调水，河面宽度呈周期性变化，枯水期 145m 水位时，河面最宽处约 400m，最窄处约 250m，蓄水期 175m 水位时，河面最宽处约 600m，最窄处约 350m。两岸岸坡坡度多为 40°～60°，局部达到 75°以上。巫峡上段平均坡度北岸大于南岸，岸坡结构类型为斜向、横向结构岸坡；巫峡中、下段平均坡度南岸大于北岸，南岸局部库岸段甚至形成陡崖，北岸多以 40°～60°峻坡为主，岸坡结构类型为斜向、横向结构岸坡。

图 1.4 巫峡高陡岸坡发育及重要危岩体分布

构造上该库岸段自上而下主要由巫山向斜、横石溪背斜、神女溪-官渡口向斜构成。其在大的构造内发育数条次级褶皱，如神女峰背斜、穿箭峡向斜为横石溪复式背斜内的次级褶；青石背斜为神女溪-官渡口向斜与培石向斜之间的次级褶皱。巫峡段大量高陡岸坡、危岩体的发育、分布均受到这些次级褶皱影响。宏观上看，巫峡上段地形地貌及高陡岸坡结构发育主要受巫山向斜、横石溪背斜所控制；中段和下段岸坡结构主要是受到横石溪背斜、神女溪-官渡口向斜所控制。

危岩体的分布与区域地质构造紧密相关。背斜顶部受张力作用，岩体结构疏松，该构造区域卸荷作用强烈，发育大量纵张卸荷裂隙，这些大型裂隙大多成为危岩体的控制边界。同时，背斜形成了 X 节理，节理切割岩层也构成了众多危岩体的边界。

该区域地层自下而上出露依次为：①志留系（S_1），主要由薄层、粉砂岩、泥质粉砂岩、页岩，薄—中层砂岩构成，风化强烈，强度较低，主要在横石溪背斜核部向家湾一带出露；②石炭系（C_2）和泥盆系中下统（D_{2+3}），主要由厚层石英砂岩、中厚层灰岩构成，间夹少量页岩、赤铁矿层，主要在横石溪危岩体、廖家坪危岩体区域局部出露；③二叠系（Pd、Pw、Pm、Pq），该组主要由含燧石结核灰岩、煤层、炭质页岩构成，主要在横石溪沟内及该背斜坡顶局部区域出露；④三叠系嘉陵江组（T_1j）、大冶组（T_1d），主要由中厚层薄层灰岩、白云岩构成，间夹页岩，在横石溪背斜两翼均有出露，是巫峡段出露最为广泛的地层。由于构造单元受到河流切割，岩层产状在该库岸段变化较大，局部库岸段岩层产状近水平状，局部库岸段岩层产状近直立。

通过对库岸段内高陡岸坡的详细调查，巫峡高陡岸坡结构、岩体结构类型有以下4种类型。①逆向、碎裂结构岸坡，其特征为：薄—中层反倾结构岸坡，发育大量垂直岸坡、切层节理、裂隙，同时发育大量风化卸荷裂隙，裂隙间距0.2~0.5m，裂隙逐步延伸、贯通，最终导致整体斜坡失稳，此类型以高陡岸坡为主，主要发育在巫峡口至独龙库岸段一系列潜在不稳定斜坡，其中龚家坊崩塌即为其中一典型实例；②横向、软硬互层结构岸坡，其特征为：上部岩体坚硬、强度高，抗风化能力强，卸荷作用强烈，坡顶易形成大型纵向裂隙，大型危岩体形成、破坏、失稳均受岩体中的软岩控制，此类型主要多发育为大型危岩体，如横石溪危岩体、望霞危岩体、廖家坪危岩体、猴子包危岩体，受基底软岩、煤层控制；③横向、层状（块状）结构岸坡，其特征为：厚层巨厚层岩体，岩层倾角较小，发育几条大型结构面，裂隙结构面间距大于1.5m，裂隙一般上部张开下部闭合，易形成大的危险块体，如箭穿洞危岩体、曲尺滩危岩带、黄岩窝危岩带，该类型危岩体一旦失稳将影响长江航道安全、造成涌浪灾害；④顺向、板裂结构岸坡，其特征为：薄—中层岩体顺向岸坡，层面发育大量共轭X节理，X节理沿与水平面一定夹角方向切割岩体，其发育呈羽状条带结构，X节理发育密度大（>10条/m^2）、分布面积广、横向延伸长度较小、偶见大型出露、切割深度不均、形成危岩体积相对较小，但分布在高程大、坡度陡立岸坡的危岩体，一旦失稳由势能转化而来的能量不容忽视，如剪刀峰至孔明碑一带潜在的不稳定块体。

巫峡库岸段高陡岸坡、危岩体发育众多、分布广泛。危岩体的分布呈带状，特别是当地形地貌条件、岸坡结构、岩体结构和岩性条件类似时，变形失稳模式相似的危岩体就会集中出现。巫峡口至独龙段以倾倒变形岸坡为主，横石溪背斜两岸泥岩基座上发育砂岩的危岩体，在望霞及建坪山顶发育以炭质泥岩或煤层为基座的灰岩、瘤状灰岩危岩体。神女峰山脚至孔明碑段一带发育顺层危险块体。巫峡中、下段烂泥湖至上坪沱库岸段高陡岸坡、危岩体主要集中发育在曲尺滩、黄岩窝、上坪沱一带区域，多为平缓厚层灰岩X节理形成的柱状危岩体，分布上长江南岸多于北岸。各危岩体、危岩带具体发育分布状况见（图1.4）。

1.3 瞿塘峡高陡岸坡发育及分布特征

高陡岸坡及危岩体在三峡库区瞿塘峡库岸段发育分布相对较少,主要发育两处危岩带,以吊嘴危岩体为主的南岸危岩带和以风箱峡危岩体为主的北岸危岩带,具体分布见图 1.5,其中黄色框所示的为危岩群,其中●为危岩群内重要、典型危岩单体(坐标范围:北纬 30°59′56″~31°03′01″,东经 109°33′46″~109°38′09″)。该库岸段西起奉节县的白帝城,东至巫山县的大溪镇,长 8km,巫峡上段河道呈弧形展布,河道走向近 NW-SE 向,长江南岸为凸岸,北岸为凹岸。库岸段内河谷狭窄,岸坡陡峭,属于中低山峡谷地貌。两岸发育有 NE-SW 向季节性冲沟,切割较深,呈"V"形。沿江 5km 范围内,长江两岸岸坡高差相差不大,基本呈对称分布,南岸最高峰位于乌云顶,高程 1414.5m,北岸最高峰位于火焰山,高程 1393.9m,两点同处童家槽—土地湾 NE-SW 向背斜核部山脊顶部,因长江切割而间断。受地貌及河流切割影响该库岸段河面宽度不均,另外因三峡水库调水,河面宽度呈周期性变化,枯水期 145m 水位时,河面最宽处约 600m,最窄处约 300m,蓄水期 175m 水位时,河面最宽处约 750m,最窄处约 400m。最宽两处分别为北黑石 N500m 和南黑石 S520m,最窄处位于风箱峡七道门处,两岸岸坡坡度多为 40°~60°,其中吊嘴危岩、风箱峡危岩处岸坡呈直立陡崖状,为横向结构岸坡。

图 1.5 瞿塘峡高陡岸坡发育及重要危岩体分布

构造上该库岸段以东为八面山台褶带构造单元,以西为四川台坳带。瞿塘峡位于大巴山台缘坳褶带内。瞿塘峡一带地质构造比较简单,主要发育齐耀山背斜及其 NW 翼发育的次级褶皱,即七道沟向斜和七道门背斜。七道沟向斜位于齐耀山背斜 NW 翼,走向由南段的 NE 向至北段渐变为 NEE 向,略向 NW 呈弧形突出。七道沟向斜北西翼倾角 15°～23°,南东翼倾角 35°～57°,核部紧闭,显著陡倾,呈不对称 V 型。七道门背斜位于齐耀山复背斜最西侧,走向由南段的 NE 向至北段渐变为 NEE 向,略向 NW 呈弧形突出。背斜宽缓,核部岩层平缓,NW 翼倾角 16°～25°,SE 翼倾角 18°～26°。

地层在该区域自下而上出露依次为:①二叠系（Pd、Pw）,主要由黑色、黑灰色硅质泥岩、灰色薄-中厚层燧石条带生物碎屑灰岩构成,主要在齐耀山背斜核部南黑石、北黑石一带出露;②三叠系嘉陵江组（T_1j）、大冶组（T_1d）、巴东组（T_2b）,主要由中厚层薄层灰岩、白云岩构成,间夹页岩、灰黄色、紫红色泥岩、泥质粉砂岩构成,其中嘉陵江组（T_1j）、大冶组（T_1d）在齐耀山背斜两翼均有出露,是瞿塘峡段出露最为广泛的地层;巴东组（T_2b）只在齐耀山背斜 NW 翼白帝城区域小面积出露。由于构造单元受到河流切割,且其中含有两个次级褶皱,岩层产状在该库岸段变化较大,局部库岸段岩层产状近水平状,局部库岸段岩层单斜产出。

瞿塘峡库岸段是三个峡谷区最短的一个峡谷。通过对瞿塘峡库岸段内高陡岸坡调查,瞿塘峡岸坡结构、岩体结构类型有如下 3 种:①缓倾层状顺向斜向结构岸坡,其特征为:岸坡多为直立,部分倒坡状,高程 250m 以下总体裂隙不发育,间隔多 4～8m 以上,见少量纵向裂隙,坡度多呈 60°～70°,与缓倾向河谷的岩层面共同切割岩体形成易倾倒结构,250m 以上悬崖显示飘倾特征,裂隙逐步延伸、贯通,最终导致整体斜坡失稳,其中吊嘴危岩体为该类型的突出实例,其西冲沟西侧山嘴岩体受多组纵向节理、裂隙与岩层作用,独立块体发育,存在数十至数百立方米倾倒或座落失稳可能。②缓倾层状逆向斜向结构岸坡,其特征为:岸坡坡度一般 60°～70°,局部直立或倒悬。岩体纵向裂隙发育,间距 2～4m 居多,延伸长度多为 5～10m,最长达 30m 以上,倾向河谷,卸荷裂隙较发育,风箱峡危岩体为该类型的突出实例,此外大硝洞附近,多组裂隙切割产生突出岩块,为倾向河谷裂隙控制,可能发生数十到数百立方米崩塌。③水平层状岩体、横向结构岸坡,其特征为:坡体呈台阶状,上陡下缓,总体坡度 40°,台阶突出部位为相对坚硬灰岩控制,凹进部分为软弱泥岩、页岩、硅质岩。由下部大量碎石堆积可以看出,曾经发生过多次崩塌,主要集中在长江南岸乌云顶、北岸火焰山区域。

第 2 章　巫峡北岸高陡岸坡变形失稳模式分析

三峡库区巫峡段峡谷最长，其危岩体发育众多、类型齐全，崩塌滑坡事件频发，是三个高陡岸坡集中区中最重要的区域。本章选取巫峡北岸典型高陡岸坡发育段，剖析该段危岩体分布情况和危岩体变形失稳模式。

2.1　巫峡口-独龙库岸段

2.1.1　不稳定斜坡发育情况

巫峡口区域地层岩性分布稳定，斜坡所处地层为三叠系嘉陵江组和大冶组；岩性总体为灰岩、泥粒灰岩、泥灰岩和白云质灰岩。根据岩性、旋回及层厚的差异，T_1j 和 T_1d 分别分为 4 段。其中较为特殊的有嘉陵江组二段（T_1j^2）的盐溶角砾岩，大冶组三段（T_1d^3）和二段（T_1d^2）的中薄层泥粒灰岩夹泥灰岩、泥页岩，大冶组四段（T_1d^3）的中厚层的白云质灰岩。巫峡口大部分斜坡岩性组成类似，且同处于巫山向斜西翼和横石溪背斜东翼，斜坡坡向与岩层斜逆向相交，斜坡结构为斜向-逆向岸坡。

在巫峡口至独龙区域进行了 1662 条的结构面测量（图 2.1，图 2.2），测量高程主要集中在 150～172m 附近。该测量区域处于三峡库区水位变动带内，植被覆盖少，露头好；其他高程区域灌木等植被发育，不易测量。结构面的极点等密度图显示（图 2.3，图 2.4），巫峡口区域斜坡的优势结构面发育基本一致。主要发育有两组优势性结构面：一组平行于斜坡坡面，产状：140°～180°∠30°～

图 2.1　剖面测量

图 2.2　结构面测量

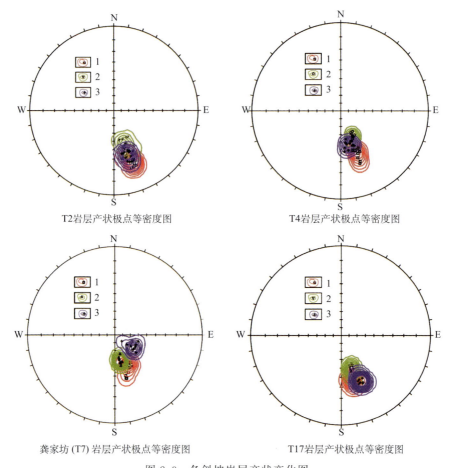

图 2.3　各斜坡岩层产状变化图

1. 上游冲沟内测量；2. 山脊处测量；3. 下游冲沟侧测量（等角下半球投影各 11 个点）

60°，一组基本垂直于坡面，产状：50°～85°∠50°～85°。两组优势结构面中的断裂面当中一部分明显为起伏的，另一部分为平直的。其显示了结构面中有早期原生的构造结构面，也有在后期变形中次生的拉剪、拉张破裂面。

结构面发育密度因岩层厚度不同而不同，大冶组四段的 10m 厚层白云质灰岩的节理密度约 5～10m/条；但大冶组三段的薄层泥灰岩中的节理密度为 0.05m/条。层面和两组结构面共同切割岩体，总体上形成了块度为 $6 \times 10 \times 12 cm^3$ 的岩块，斜坡就仿佛是由大小不一的岩块相砌而成，结构为极其破碎的碎裂状岩体。在同一斜坡的不同部位进行结构面测量，测量结果显示，高陡斜坡坡面的节理、裂隙可见率大大低于冲沟一侧出露的可见率。故高陡岸坡突出的山脊表面看上去岩体结构十分完整，曾经被认为是三峡库区稳定性较好的岩质岸坡段，但实际情况并非如此，这说明这些高陡斜坡具有极强的隐蔽性。

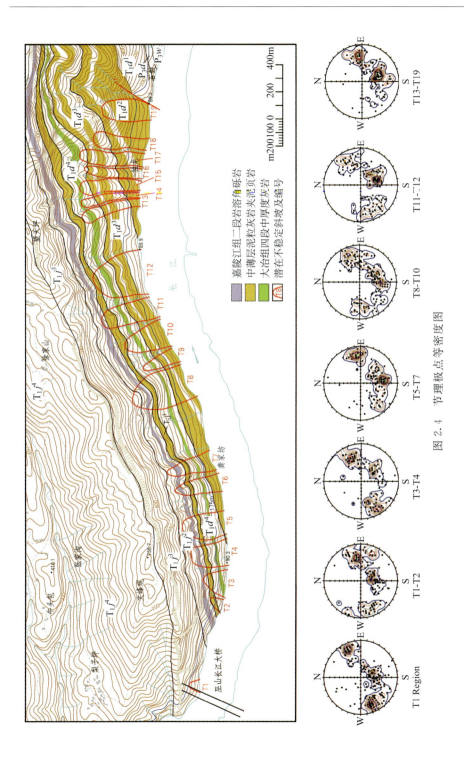

图 2.4 节理极点等密度图

大量的岩层测量表明巫峡口区域斜坡岩体发生了变形。冲沟内发育微风化或弱风化岩体，产状一般为330°～340°∠55°～65°，突出冲沟山体部分多发育中风化或强风化的节理岩体，产状的倾角发生了明显变化，产状为300°～350°∠25°～55°。从结构面测量和岩层产状的测量可见，岩层产状的变化具有一定的三维性，反映的是典型大型板梁在重力作用下的累进性倾倒弯曲变形。从坡面向坡内来看，坡面的产状明显比坡内平缓，穿过强弱风化界线，产状基本恢复正常。从坡顶至坡脚来看，坡顶往下一段距离内产状为正常岩层产状。穿过不稳定斜坡后缘岩层产状开始逐渐变缓，至坡脚产状最平缓。从同一高程来看，坡面靠近冲沟侧的岩层倾角均大于山脊处的岩层倾角。

在野外微地貌和IKNOS遥感影像的辅助下，以冲沟山脊为界，将该区域内变形斜坡划分为19个斜坡（图2.4）。这19个斜坡的坡向均为160°～210°，其中岩质斜坡12个，岩土质斜坡7个，斜坡平均坡角40°～70°，呈峻坡状，多为上陡-中缓-下陡-底缓状。临江塌岸长度1.3km，占该段岸坡长度的28.89%。根据冲沟的切割深度可估算这些潜在不稳定斜坡的发育厚度。

2.1.2 巫峡口-独龙段变形模式

上述19个不稳定变形体中，倾倒变形是所有斜坡的共同特点，一些斜坡露头中还发现了伴随倾倒产生的层间剪切现象。同时，由于库水的周期性调蓄水，消落带附近有大量塌岸现象。

1. 倾倒变形

在巫峡口斜坡调查中发现了两种类型的倾倒模式：块体复合弯曲倾倒和V型倾倒。桥头斜坡（T1）可以视为块体复合弯曲倾倒斜坡的典型事例（图2.5）。块体复合弯曲倾倒的特征是岩层的变形似连续弯曲，这种弯曲是岩块产状缓慢变化的结果，相邻岩块间的岩层倾角变化小于5°甚至更小；因此看起来像连续的塑性弯曲。块体复合弯曲倾倒是沿着横节理产生大量的微小位移，因此在地表出现的张裂隙和反坡陡坎较少。

虽然大量的斜坡展现的是这种块体复合弯曲倾倒模式（图2.6）。但也有部分斜坡或斜坡的某些区域为V型倾倒（图2.7、图2.8）。以茅草坡斜坡（T10）的下游侧斜坡

图2.5 桥头斜坡（T1）块体复合弯曲倾倒

图 2.6 茅草坡斜坡（T10）块体复合弯曲倾倒

区域为例，V 型倾倒的特征表现为岩层倾角的急剧变化，有明显的折断面。这个面上下岩层的倾角变化很大，在这个面之上或之下的岩体内岩层产状变化微弱。因此，看起来像岩层的 V 型折断。这种 V 型倾倒可能在坡面上产生大型的拉裂缝。

图 2.7 T9 斜坡浅层 V 型倾倒

图 2.8 茅草坡斜坡（T10）10m 深 V 型倾倒

2. 层间的剪切

在 T6、T7、T9、茅草坡斜坡（T10）、龚家坊 4#斜坡（T11）等坡体的露头均看到了岩层面擦痕，在其他坡体的落石中也发现大量类似擦痕。这些擦痕均为方解石所覆盖，有些方解石甚至又被侵蚀。从方解石残留的阶步判断岩层的运动方向时，发现均为上部岩层相对向坡内运动，下部岩层相对向坡外运动（图2.9，图2.10）。

图2.9　茅草坡斜坡（T10）岩层上　　　图2.10　龚家坊崩塌块石表面擦痕

这种擦痕显然代表着层间出现过错动剪切，这一剪切是横石溪背斜形成过程中产生的还是后期坡体在重力作用下缓慢形成的呢？如果是在横石溪背斜形成过程中产生，在构造力的作用下，这一位于背斜西翼的斜坡岩层应该擦痕面上部岩层向上做相对运动，擦痕面下部岩层向下做相对运动。而如果将倾倒的根部看成一个背斜的轴线，那么这一岩体位于背斜东翼，正好是擦痕面上部岩层做向下相对运动。因此，层间的剪切时间应该是在横石溪背斜构造运动后的重力蠕滑-倾倒作用下产生的（图2.11，图2.12）。

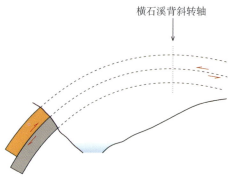 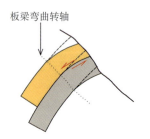

图2.11　横石溪背斜　　　　　　　图2.12　岩体变形失稳示意图

3. 塌岸

三峡水库 2004 年蓄水 143.2m 后，2006 年 11 月 7 日三峡水库完成 156m 蓄水，2008 年开始 175m 试验性蓄水，每年夏天都会降低库水位以备防洪。因此沿江高陡岸坡形成了约 30m 垂直落差的消落带，由于库水位升降、江水淘蚀作用，塌岸现象十分明显（图 2.13）。

图 2.13　巫峡口-独龙塌岸

巫峡口-独龙库岸段岸坡塌岸迹象明显，4.5km 长岸坡段，其中塌岸长度达 1.3km，占该段岸坡长度的 28.89%。通过对岸坡发育状况的调查、塌岸物质组成状况分析，塌岸主要分为三种类型：碎石土型塌岸、黏土含碎石型塌岸、碎裂结构岩质型塌岸。

碎石土型塌岸：该段岸坡该类型塌岸较为发育，主要发育在 145~175m 水位线附近，多形成长 30~60m、宽 50~120m、厚 5~8m 圈椅状或台阶状内凹塌岸（图 2.14）。其物质组成为灰褐色、黄褐色碎石土，块碎石成分为泥质灰岩、灰岩，其碎石含量较高，土石比达到 3∶7 甚至更高，其碎石呈次棱角—棱角状，

图 2.14　碎石土型塌岸

碎石土黏聚力低、渗透性好、结构松散，该类岸坡主要为古崩塌厚层堆积或浅表层堆积形成。此类塌岸受库水位影响强烈，在库水波动、冲刷、淘蚀作用下极易发生塌岸。

黏土含碎石型塌岸：该类型塌岸在该段库岸段局部区域发育，主要发育在145～175m水位线附近，多形成长10～20m、宽30～50m、厚0.5～1.5m浅表层不规则状冲蚀状塌岸（图2.15）。其物质组成为灰褐色、黄褐色黏土含碎石，碎石成分为泥质灰岩、灰岩，其碎石含量较低，土石比达到7:3甚至更高，其碎石呈次棱角—棱角状，碎石土黏聚力高、渗透性差、结构较密实，该类岸坡主要为浅表层堆积形成。此类塌岸主要受库水位影响，在库水波动、冲刷、淘蚀作用下发生塌岸，由于其物质组成特征，江水将其中细颗粒携走，在江水的浸润下，进一步使其结构密实，黏聚力提高，通过野外调查，经过几次库水位波动后，其变形破坏十分微弱。

图2.15 黏土含碎石型塌岸

碎裂结构岩质型塌岸：该类型塌岸在该段库岸段极其发育，主要发育在145～175m水位线附近，多形成长20～50m、宽10～50m、厚3～15m楔形、圈椅状、不规则内凹状塌岸和侧向淘蚀（图2.16、图2.17）。这些岸坡均为泥质灰岩、灰岩构成的碎裂结构岩质岸坡，其节理、裂隙极其发育，主要发育有平行于坡面和垂直于坡面两组节理、裂隙，多呈松散、"砖砌"状结构，此类塌岸受库水位影响强烈，在库水波动、冲刷、淘蚀作用下，其岩体强度逐步降低，同时内部结构发生改变，节理、裂隙进一步延伸、贯通，逐步形成失稳结构面，该类型塌岸与黏土含碎石型截然不同，其结构不会随江水浸润而密实，相反，在库水位作用下，其力学性质、岩体结构均向弱化方向发展，该类岸坡方量较大、突发性强，同时有诱发其所在斜坡整体失稳的可能，龚家坊斜坡即为这一类型的典型案例。

图 2.16　碎裂结构岩质型塌岸　　　　图 2.17　碎裂结构岩质型侧面淘蚀塌岸

2.1.3　巫峡口-独龙段失稳模式

从大量的参考文献和工程实例来看，反倾岩质斜坡倾倒变形后主要存在两种破坏形式：一种是倾倒变形转滑移破坏，另一种是倾倒破坏。逆向斜坡中大规模倾倒变形破坏的发生与岩性、宽厚比等有关。坚硬岩层易发生 V 形倾倒，岩块弯曲倾倒多发育软硬相间的岩层中，而软岩则易发生弯曲倾倒。当弯曲倾倒和岩块弯曲倾倒发生后，会慢慢形成一个弯曲变形的界线面。界线面之上的岩体，在重力下滑分力作用下，岩体沿界线面附近进行蠕滑。蠕滑后，在滑移面附近的岩层出现拖曳现象，形成 S 形岩层形态（图 2.18）。夹杂其中的较硬岩层会以折断的岩块来表达这种 S 形态。Chigira（1992）将这种 S 形态的岩层定义为逆向坡的重力拖曳褶皱。蠕滑面形成后，如果不加以控制，滑动会一直持续，滑动面基本由相间其中的碎、块石黏土和残留的空洞为主，以压剪应力为主。当下滑力超过阻滑力后，斜坡会沿着蠕滑面发生滑动破坏。

McAffee 和 Cruden（1996）指出倾倒岩体可能会沿着近似统一的破裂面进行滑动。当倾倒的裂隙面完全贯通或随着贯通发展时，滑动就产生了。这一滑动同样也显示了累进性变形特性，像倾倒一样。但一个是岸坡变形阶段的累进性变形，一个是失稳阶段的累进性变形。这两者之间没有清晰的界限，可能是相互伴随或互为主辅。

在茅草坡斜坡（T10）的上游侧发现倾倒岩体有明显的滑动迹象，正好印证这一理论。中薄灰岩夹泥灰岩页岩条带中小型节理非常发育（节理间距为 3～7cm），大型节理中有 3 组是滑移面（图 2.18）。在重力的下滑分力作用下，岩层顺滑移面蠕滑，在滑移面的上部岩体出现拖曳现象，泥灰岩条带断续相连。根据最下部滑面处泥灰岩条带的形迹计算相对最大拖曳位移为 1.15m。由于坡体中两组滑移面滑移位移，在岩体中明显可见形成了一个剪切带，带内发育多组倾向

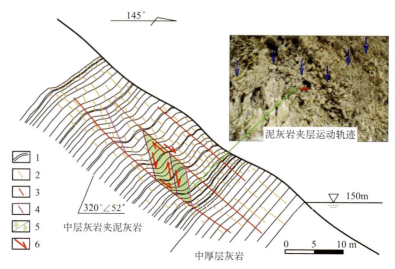

图 2.18　茅草坡斜坡（T10）中的倾倒滑移现象

1. 基岩岩层；2. 小裂隙；3. 大型滑动面；4. 滑动面间的大型剪切面；5. 滑块；6. 应力方向

坡外的剪切面。剪切面切割明显形成了两个滑块，由于边界剪切力的影响，滑块呈向下滑动及向坡内旋转的状态，造成滑块边界岩块无明显棱角，有转动。剪切面明显为倾倒造成的折线脆性断裂面后期改造形成。由于节理的高发育度和泥岩夹层的存在，形成了类似于柔性体出现的拖曳及内部剪切现象。

图 2.18 中的中厚层泥粒灰岩则有弯折现象，是上部似柔性平滑拖曳现象的折线版本。由于坡体下部岩层相对较厚和坚硬，节理发育相对较少（节理间距为 25cm），无大量块体进行旋转运动，且无泥灰岩压缩形成适当的移动空间，这些造成在重力滑移作用下的岩体弯折，形成了 Chigira（1992）所说的逆向坡的重力拖曳褶皱。

在一些斜坡上还发现了大量落坎（图 2.19、图 2.20）。在茅草坡斜坡（T10）高程 185m 处发现的落坎高差达 3.4m，宽 1.6m，长 14.7m，走向 65°，该处地表岩性为胶结良好的崩塌堆积物。茅草坡斜坡（T10）中部也发现有落坎，高差 0.5~1m，长 5m 左右，走向 77°，该处地表岩性为黏土含碎石。在龚家坊 4#（T11）斜坡山脊上落坎也发育较多。高程 270m 处发现走向 80°~110°的落坎，呈弧形，坎高 0.5~1.2m，长度大于 10m；高程 312m 发现走向 85°~95°的下座陡坎，呈弧形，坎高 0.6m，长度大于 10m，在高程 340m、351m 处也发现多处落坎。

上述的这些现象都说明了 T1~T18 中有些坡体由原来陡倾层面控制的倾倒变形转为平行坡面裂隙控制的滑动变形。坡体的主要变形方式由原来的弯曲-拉

图 2.19　茅草坡斜坡（T10）
地表出现下座陡坎

图 2.20　龚家坊 4#斜坡（T11）
地表出现下座陡坎

裂转化为滑移-拉裂，由岩块的脆性断裂转化为岩块复合体的似柔性变形，显示累进性破坏特性（张倬元等，1997）。其破坏模式如图 2.21 所示。

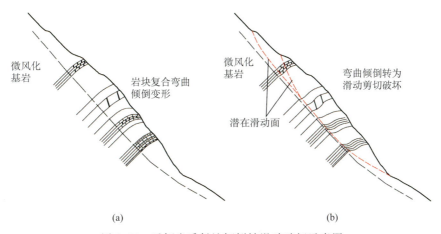

图 2.21　反倾岩质斜坡倾倒转滑动破坏示意图
(a) 早期岩块复合弯曲倾倒变形示意图；(b) 弯曲倾倒变形转为滑动剪切破坏示意图

同时，倾倒破坏也会在这一类型斜坡中发生。典型倾倒破坏体下部的块体主要为滑动，滑动的一部分动力来源于上部倾倒体。中部的倾倒区域依靠下部的滑动区支撑其结构，一旦滑动区破坏了，中部岩体就会倾倒破坏。上部岩柱一般是稳定的（图 2.22）。在中倾角斜坡中发生 V 形倾倒变形后，倾倒的岩体主要依靠下部的滑动块体和部分岩桥支撑，它们构成了斜坡的主要抗力区域。这些区域主要受推力和压力，一旦抗力部分滑动或压裂破坏，整个斜坡结构的支撑体系就被破坏了，崩塌就会发生。在破坏面附近，以拉张或拉剪应力为主。对于这种结构性的倾倒体，其孕育的时间较长，一旦支撑结构破坏了，整体破坏可在较短的时间内发生（Cruden 和 Hu，1994）。

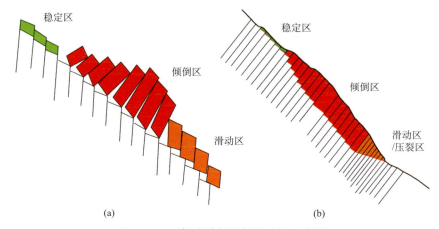

图 2.22　反倾岩质斜坡倾倒破坏示意图
(a) 典型倾倒变形破坏示意图；(b) 龚家坊倾倒变形破坏示意图

龚家坊斜坡的倾倒破坏与典型倾倒破坏模式是一致的。从龚家坊的工程地质条件和前期变形现象来看，龚家坊斜坡为灰岩逆向岸坡，坡体内存在大型结构面和厚层灰岩，小型结构面也极发育，斜坡岩体以 V 形倾倒为主，坡脚为相对较软的薄泥灰岩层，且坡脚存在塌岸和岩体劣化现象。参考大量的工程实例，从这些特征上可以进行龚家坊斜坡失稳机理的推演，龚家坊斜坡的变形失稳大致经过以下 3 个阶段（图 2.23）。

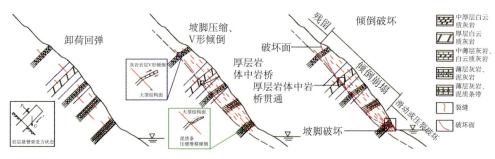

图 2.23　龚家坊斜坡变形失稳模式三阶段示意图

阶段一：以倾倒为主的小变形阶段。巫峡峡谷下切形成过程中，坡体卸荷回弹，在坡体表层产生微裂隙。在重力作用下，单层或多层岩层出现倾倒和层间错动。伴随着倾倒小变形的出现，裂隙开始变多，卸荷产生的微裂隙逐渐变成大裂隙。

阶段二：坡脚压缩滑移，以 V 形倾倒为主的大变形阶段。龚家坊自然斜坡形成后，T_1d^3组泥灰岩夹泥质条带出露坡脚，长江不断冲刷，造成坡脚的压缩和崩塌，斜坡变得陡峻。岩层在重力作用下向下呈悬臂梁受力而倾倒。由于大型结构面的存在，脆性岩层出现 V 形倾倒，泥质条带则弯曲压缩。在后面山体的推动下，坡脚发生滑移。坡度变陡和坡脚压缩滑动后，支撑力下降，造成斜坡变形加剧。倾倒造成岩层被拉断或压裂，小型节理不断新生发育。但由于中部有中厚层灰岩以及各大型结构面赋存的深度不一，结构面间存在岩桥。泥质岩桥在坡体中起着挑梁的作用，承担了上部部分斜坡的压力，坡体总体是基本稳定的。

阶段三：下部斜坡进一步破坏，岩体倾倒破坏。三峡水库蓄水后，近 10% 的斜坡被淹没。由于大量裂隙发育，淹没斜坡浸泡水中，存在部分浮托减重效应。同时，被冲刷的岸坡比例加大，部分破碎暴露在水中，岩体强度降低，塌岸和岩体劣化现象出现。这些现象和效应都造成了下部坡体进一步破坏、压缩和滑移。当下部岩体的支撑力下降，需要岩桥来承担减少的重力分力时，岩桥就会发生脆性破坏，整个斜坡出现结构性倾倒崩塌，或是岩桥因为疲劳强度而发生脆性破坏，重力传递至坡脚，坡脚岩体不能承受而造成压裂滑移破坏，斜坡支撑不足而崩塌。这种破坏总是中下部先破坏，然后上部岩体失去支撑而崩塌。

龚家坊斜坡下部区域为压缩区和滑动区，而中部是 V 形倾倒变形区。当斜坡下部破坏后，整体斜坡出现崩塌解体。同时，后缘残留的部分山体是基本稳定区域，这与典型倾倒破坏后留下部分稳定岩柱是完全一致的。因此，龚家坊斜坡崩塌具有反倾斜坡倾倒的典型特征，是典型的倾倒破坏模式。这种崩塌破坏模式的发生与岩体中的岩桥破坏或坡脚的滑块破坏有直接联系，极具突发性；由于整体出现崩塌解体，破坏在极短时间内完成，岩土体运动速度较快，具有快速性。

2.2 箭穿洞-孔明碑库岸段

2.2.1 高陡岸坡及危岩发育

箭穿洞-孔明碑库岸段全长约 4km，该库岸段右岸为青石居民点、青石水文站及神女溪入口、景点接待处。该段峡谷在三峡水库蓄水至 175m 后，江面宽度仍然只有约 500m，是长江三峡江面最为狭窄的峡谷之一。长江在神女峰坡脚处急转，河流走向由 NW-SE 转为近 E-W 向。长江左岸为凸岸。该段岸坡内发育危岩体数十处，其中箭穿洞、剪刀峰、孔明碑危岩体最为典型。该段高陡斜坡坡顶高程约 1300m，三峡水库蓄水后坡脚高程在 145m 和 175m 之间周期性波动，坡高约 1100m 左右，为中低山峡谷地貌。该区域主要出露的地层为：三叠系大冶组二段（T_1d^2）至四段（T_1d^4）中厚层灰黄色含泥质灰岩、厚层砂屑灰岩；嘉陵江组一段（T_1j^1）至三段（T_1j^3）灰白色的薄—中厚层状白云岩、厚层致密泥质灰岩、白云质灰岩、灰岩，中部夹燧石团块。

该库岸段主要发育有神女峰背斜和与之相邻的神女溪-官渡口向斜。神女峰背斜是横石溪背斜 SE 翼发育的次级褶皱，形态宽缓、总体对称，呈弧形或屉型，轴部地层近水平，南翼地层逐渐陡倾、直立。受区域构造影响，该库岸段岸坡结构类型不同，自上而下为缓倾斜向结构岸坡、横向结构岸坡、缓倾顺向结构岸坡、陡倾顺向结构岸坡。岸坡结构类型的差异导致其高陡岸坡、危岩体变形失稳模式的不同。

该库岸段危岩体的发育较为集中，按其分布位置可分为图 2.24 中虚线框所示的 3 个危岩群，其中★为危岩群内重要、典型危岩单体。

A 区：该危岩群位于神女峰背斜核部区域，以箭穿洞危岩体为主的危岩群，分布高程 150~350m，主要由三叠系大冶组中厚层泥灰岩、灰岩构成，其大型纵向卸荷裂隙极其发育，该区域受大型卸荷裂隙切割形成的危岩单体，危岩体边界清晰，优势结构面明显。该区域危岩体整体性好、方量大，一旦失稳产生的涌浪灾害不容忽视。

B 区：该危岩群位于神女峰背斜 SE 翼。NW 侧陡崖形成临空面，SE 为中—陡倾顺向斜坡面江临空，危岩体分布高程 300~600m，主要由三叠系大冶组中

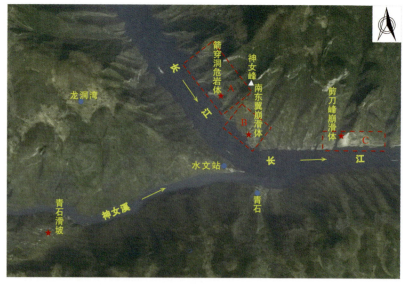

图 2.24　箭穿洞-孔明碑高陡岸坡、危岩发育分布图

厚层泥灰岩、灰岩，嘉陵江组灰白色的薄—中厚层状白云岩、厚层致密泥质灰岩、白云质灰岩构成。主要发育两组优势结构面：①150°～178°∠55°～75°；②330°～355°∠50°～70°。两组结构面与层面共同切割形成危岩块体，沿层面发生破坏失稳。该区域危岩体体积小、整体性好，失稳会对行船、航道安全造成严重威胁。

C区：该危岩群位于神女峰背斜SE翼、神女溪-官渡口向斜SW翼。南侧面江临空，危岩体分布高程375～550m，主要由嘉陵江组灰白色的薄—中厚层状白云岩、厚层致密泥质灰岩、白云质灰岩构成。主要发育三组节理：①290°～300°∠60°～70°；②40°～70°∠45°～60°；③250°～270°∠45°～70°。其中②、③为共轭"X"节理，其切割下坡面形成大量的三角面。三组节理与岩层共同切割岩体，形成大量薄片状小型块体，在风化剥蚀、降雨、根劈作用等影响因素下，块体分解像"剥皮"一样层层向内剥落，是一种缓慢、渐进性破坏，该区域危岩体体积小、高差大、发生频率高，失稳会对行船、航道安全造成严重威胁。

2.2.2 箭穿洞-孔明碑库岸段失稳模式

通过调查研究表明：穿箭峡-孔明碑库岸段失稳模式与其所处构造部位、岸坡结构类型、库水波动密切相关，不同库岸段将孕育不同类型失稳模式的危岩。该库岸段自上而下，由神女峰背斜核部逐渐向其SE翼转变。神女峰核部区域，其岩层近水平，横向结构岸坡，由于背斜核部顶端受到构造张力作用，形成大型结构面。图2.25所示箭穿洞危岩体的上下游侧边界及箭穿洞附近区域的几条大型结构面，都呈放射状与神女峰背斜岩层相交，地貌上呈现出数条大型沟壑。这些结构面是在神女峰背斜形成过程中形成的，是构造形迹的具体表现。因此，箭穿洞边界结构面是在构造形成纵张节理后改造形成的。而箭穿洞危岩体也是在该斜坡岩体不断卸荷、长江不断侵蚀切割、背斜应力释放等条件下形成的，是长江

图2.25 神女峰核部构造、地貌特征

下切后卸荷的产物。三维边界基本形成后，危岩体的变形是在重力为主导作用下产生的。

下游神女峰下方至剪刀峰区域，岩层产状倾角发生明显变化，岩层变陡，逐渐成为危岩破坏失稳的一组控制性结构面。岩体在切层节理与岩层面的共同切割下，形成了以岩层为滑面的滑移型危岩体。该区域由三叠系嘉陵江组灰岩构成顺向结构岸坡。该段上游侧地表冲沟较少发育，故除了河流转弯处斜坡两面临空外，往下游至剪刀峰侧向深切割边界较少。另外斜坡底部受到江水冲刷、淘蚀，长江流向自西向东，岸坡上游侧为迎水面，首先接受冲刷，加之水流方向近平行于岩层走向，因此，斜坡以垂直河道方向的临空面向下游不断发生"渐进式"、"递推式"破坏失稳，宏观上地貌特征明显：就像许多书错开倾斜叠放在一起（图 2.26c）。剪刀峰至孔明碑一带随着岩层产状倾角的进一步增大，危岩体类型由顺层滑移转变为顺层剥落型。岩体被"X"节理和层面裂隙切割成菱形结构体，在脱离母岩后向长江方向或两侧冲沟崩落；坡底，受到江水的冲刷、淘蚀，上游侧破坏程度强于下游侧（图 2.26a），宏观上地貌呈现出许多破坏失稳形成

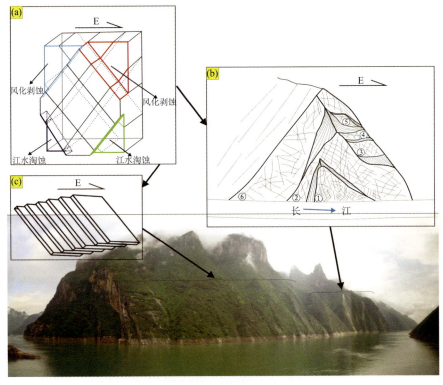

图 2.26　箭穿洞-孔明碑地貌特征及失稳模式图

①～⑥ 为一～六级崩塌残留面

的三角面斜坡地貌（图2.26b）。孔明碑一带，岩层形成陡立甚至局部出现反倾，危岩失稳模式又转变为倾倒型。

1. 倾倒型

该段倾倒型危岩主要集中分布在图2.24中A区下游部分区域及C区下游孔明碑一带区域，两个区域有显著区别。首先结构面发育具有差异性，A区岩层产状为153°∠37°，发育两组主控结构面：①230°～270°∠65°～85°，②0°～10°∠30°～50°；B区岩层产状182°∠75°，发育两组主控结构面：①260°～290°∠60°～80°，②0°～10°∠30°～50°。其次破坏机理不同，A区为沿与层面近平行方向发生旋转倾倒失稳，危岩体的形成由纵向发育长大卸荷裂隙被缓倾岩层面切割所致；C区岩层陡立，呈长板梁状，危岩体由陡倾岩层面被切层节理切割所致。两处危岩的主控结构面倾角较大，一般大于60°甚至近直立，但A区多为卸荷结构面，B区为陡倾层面。危岩体的重心位置是此类危岩稳定与否的关键。在荷载、裂隙内填充物作用下通常围绕主控结构面的底部倾倒破坏（图2.27）。

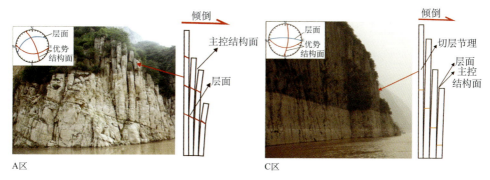

图2.27 倾倒型实例及失稳模式图

2. 滑移型

该段滑移型危岩主要集中分布在A区下游缓倾区域及B区中—陡倾斜坡区域。其中A区中危岩体一旦重心靠后，在风化、水体等作用下极易发生沿层面剪出，也可能发生滑移失稳。B区岩层产状153°∠49°，主要发育两组节理：①210°～230°∠60°～80°；②310°～335°∠30°～50°。两组节理与岩层共同切割岩体，形成八面体或柱状块体。在重力作用下，岩体沿裂隙被拉开，切割裂隙一旦贯通，破坏块体便与母岩脱离（图2.28），块体沿层面向下滑动失稳。

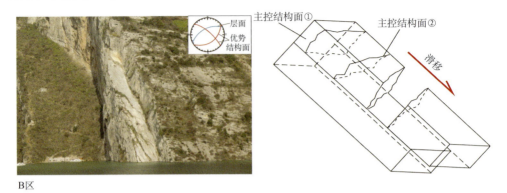

图 2.28　滑移型实例及失稳模式图

3. 坠落（剥落）型

坠落型危岩主要集中发育在 A 区上游侧，该处斜坡为陡倾横向斜坡，平均坡度为 75°～85°，该处坡向 173°，岩层产状近水平，呈三面临空状。此类危岩体中发育大量倾角大于 80°的卸荷、拉张裂隙，裂隙产状：①165～185°∠55～70°；②75～110°∠50～75°。多数处于基本贯通，下部呈悬空状态，在风化、水体、温度、根劈等外界因素影响下，由于其受自身重力作用危岩体逐渐变形、破坏，最终导致失稳坠落（图 2.29）。

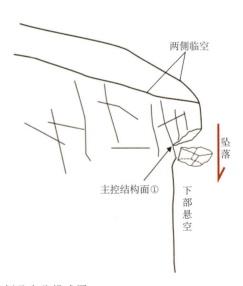

图 2.29　坠落型实例及失稳模式图

剥落型主要集中在 C 区剪刀峰一带。该处斜坡为陡倾顺向斜坡，平均坡度为 $75°\sim85°$，该处坡向 $170°$，岩层产状 $166°\angle70°$，主要发育三组节理：①$290°\sim300°\angle60°\sim70°$；②$40°\sim70°\angle45°\sim60°$；③$250°\sim270°\angle45°\sim70°$。其中②、③为共轭"X"节理。此类"X"节理结构岸坡具有节理发育密度大（>10 条/m²）、分布面积广、横向延伸长度较小、偶见大型出露、切割深度较浅、形成危岩体积小等特征。三组节理与岩层共同切割岩体，形成大量薄片状小型块体，在风化剥蚀、水体、根劈作用等影响因素下，块体分解像"剥皮"一样层层向内剥落，是一种缓慢、渐进性破坏。在长期自然剥落作用下，斜坡坡面形成大量的三角面。

2.3 其他高陡岸坡段

2.3.1 横石溪-燕窝岩库岸段

横石溪-燕窝岩库岸段全长 2.1km，该库岸段位于横石溪背斜核部区域。该段高陡斜坡坡顶高程约 1200m，三峡水库蓄水后坡脚高程在 145m 和 175m 之间周期性波动，河床高程 65m 左右，坡高约 1100m 左右。斜坡西侧以横石溪为界，东侧以老鼠错断层形成的燕窝岩冲沟为界，上部山顶为一平台，总体上为中低山峡谷地貌。该区域主要出露的地层为志留系纱帽组（S_2s）砂岩粉砂岩、泥盆系云台观组（D_2y）石英岩、石炭系大埔组（C_2d）白云岩、二叠系栖霞组（P_2q）瘤状灰岩组成。志留系纱帽组（S_2s）粉砂岩泥岩与云台观组（D_2y）中的粉砂岩为软弱（夹）层。在廖家坪平台以上坡体由二叠系茅口组（P_2m）瘤状灰岩、二叠系孤峰组（P_2g）泥岩硅质岩、二叠系吴家坪组（P_3w）结核条带灰岩组成。孤峰组泥岩硅质岩为软弱岩，吴家坪组下段的煤系地层为软弱夹层。

1. 危岩发育

该段岸坡是巫峡段危岩发育、分布最为集中的库岸段之一。调查发现危岩体多处，危岩体的发育较为集中，按其分布位置可分为图 2.30 中虚线框所示的 5 个危岩群，其中★为危岩群内重要、典型危岩单体。

A 区：该危岩群位于横石溪右岸，横石溪背斜 NW 翼，主要是以横石溪马鞍子 1#、2#危岩体为主的危岩群，分布高程 $200\sim1200$m。其下部 2#危岩体由志留系纱帽组（S_2s）砂岩、灰岩互层与下部软弱粉砂质泥岩构成。小型节理、裂隙极其发育，岩体呈碎裂状，其失稳主要以小面积垮塌和小型坠石为主。其上部 1#危岩体为二叠系栖霞组（P_2q）坚硬灰岩、含瘤状结核、瘤状条带灰岩构成。1#危岩体三面临空，后缘发育大型裂隙，下伏煤系软弱地层（P_2l）。在 2006 年调查中危岩体的趾部已经形成可见深度达 16m 左右的塌陷坑，近年来该斜坡下部持续塌岸。

B区：该危岩群位于横石溪左岸，横石溪背斜NW翼，高程600～700m陡崖上，斜坡底部有煤层开采矿洞。通过调查，该区域下方残留大量历史崩塌形成的块石堆积物，其中最大块石可达$10×10×10m^3$。该危岩集中区地层岩性、变形破坏特征与马鞍子1♯危岩体相似，顶部为二叠系栖霞组（P_2q）坚硬灰岩、含瘤状结核、瘤状条带灰岩构成，发育大型裂隙，下伏煤系软弱地层（P_2l）。

C区：该危岩群位于横石溪左岸，横石溪背斜NW翼，桃树梁子西侧一带山体上。2007年5月，高程约650m处发生崩塌，约3～5m³岩体沿坡体滚落，滚石在高程500m处发生崩解，分解成若干体积不等的块体继续向下滚动，滚石途经之处多数树木被击断，其中一块$70×160×200cm^3$的岩块击中位于高程440m的一处居民住宅，所幸屋内无人，未造成人员伤亡。其顶部由二叠系灰岩、泥盆系石英砂岩构成，底部由志留系软岩构成，大量节理、裂隙发育，极易形成危险块体。

图2.30 横石溪-燕窝岩高陡岸坡、危岩发育分布图

D区：该危岩位于群望霞乡桐心村，狮子挂银牌一带，横石溪背斜核部区域。其中望霞危岩为一典型实例。该危岩群分布高程为950～1200m，危岩体由二叠系孤峰组（P_2g）和吴家坪组（P_3w）构成，底部有大量煤层开采矿洞。

2007年对该区域进行调查时,斜坡下部马脚里分布大量历史崩塌堆积物,主要以块石为主,追溯其物源,大多来自于顶部该危岩群沿线一带崩塌所致,岩性由二叠系栖霞组(P_2q)坚硬灰岩、含瘤状结核、瘤状条带灰岩构成。2011年课题组对其崩塌堆积物的组成、分布进行了调查统计分析,斜坡自上而下堆积物块度明显增大,大的块石达到数百方,因为其高差大,能量巨大,沿途树木植被阻挡作用有限。D区大量溶蚀采空塌陷坑发育在坡顶和坡脚处,危岩群纵张卸荷裂隙极度发育,受纵张裂隙切割形成众多危岩体。

E区:该危岩群位于长江左岸,廖家坪一带。该危岩群分布高程为300~600m,危岩体所处斜坡由志留系纱帽组(S_2s)砂岩粉砂岩、泥盆系云台观组(D_2y)石英岩、石炭系大埔组(C_2d)白云岩、二叠系栖霞组(P_2q)瘤状灰岩组成。下方为危岩崩塌堆积形成的大型滑坡(水泥厂滑坡),2008年11月27日发生严重变形,下方出现大面积垮塌,后缘出现连续完整的拉裂带。该区域主要以临江面的小型块石崩落为主。

2. 横石溪-燕窝岩库岸段失稳模式

1)软弱基底型

Evans(1989)专门介绍了软弱基座危岩体类型。在重复相间的砂岩和泥岩层处,常常会产生近乎垂直的悬崖面,这个面可以经历倾倒和一般的剥蚀作用演变而成。三峡库区内大量发育有平缓软硬岩层互层的"三明治"边坡和下软上硬的高陡斜坡,这些边坡主要由近水平的灰岩、砂岩、页岩及泥岩构成。殷跃平(2005)对三峡库区泥岩砂岩互层造成的倾倒破坏进行研究,认为:分布于砂岩陡坎、峭壁底部的裸露泥岩风化强烈,风化速度快,尤其是在砂岩泥岩接触地带附近的泥岩的风化作用主要以崩解为主要特点,使泥岩后退形成岩腔。随着砂岩底部岩腔的形成以及坡体应力的重分布及集中作用,其上覆呈悬臂状的砂岩也将发生拉裂等变形破坏。泥岩砂岩互层的边坡发生倾倒时具有后退式多级倾滑破坏特点,其具体失稳模式示意图可见图2.31。

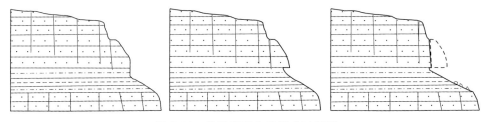

图2.31 软弱基底失稳模式过程图

该类型的失稳模式主要分布于 A（马鞍子 2#区域）、C、E 三个区域。平缓岩层、软硬相间是斜坡的主要特征。由于下方泥岩和粉砂岩的风化破碎等因素造成的空间压缩，使得上部硬岩被拉张，形成陡立岩柱；软岩进一步的风化剥蚀破碎则可能造成岩柱的倾倒破坏。各次级的软岩风化造成硬岩破坏后，形成了多级悬崖陡壁。此外当岩柱形成后，岩柱与下伏软岩的受力状态为板梁的形式。理论分析表明当板梁内最大应力达到和超过板梁根部岩体的抗拉强度或抗压强度，板梁则有可能由于根踵拉裂、根趾压裂或两者的联合作用而导致失稳。一旦岩体根踵进入剪断过程，将造成后缘拉裂缝由拉裂向闭合方向转化，并伴有下座，严重的将形成剧冲型崩滑；而岩体根趾进入压裂后，将造成柱状岩体折断倾倒，形成崩塌。

在横石溪高陡斜坡野外现场，发现多处危岩体的根趾部出现压裂挤出的现象（图 2.32）和软弱基底风化后破碎剥蚀；危岩体根踵破坏后靠和危岩体根趾破坏前倾这两种模式在野外现场均有危岩体实例（图 2.33、图 2.34）。

图 2.32 砂岩危岩体根部趾部压裂现象

图 2.33 向后仰的危岩体

2) 开采诱发型

该类型高陡岸坡主要发育分布在巫峡横石溪背斜核部及 NW 翼一带。望霞危岩体为典型单体。望霞危岩体位于横石溪核部，所处区域为中低山峡谷地貌，所处岸坡段为横向结构岸坡。危岩体所处斜坡高程为 1100~1250m，坡脚为缓坡，上部为陡坎，微地貌总体呈折线、台阶状（图 2.35）。煤层地下开采形成大面积采空区，造成山体开裂，坡顶塌陷坑巨大（图 2.36）。长江形成以来，受到江水的切割，沿江形成了高陡临空面（图 2.37），岩体在此过程中发生强烈的卸荷作用，使得高陡岸坡产生大量的卸荷裂隙，形成宏观地表拉张裂缝。危岩体结构自身上硬下软，底部由软弱煤系地层形成软基座。在此岩层组合条件下，底部煤系层软弱层在上覆岩体重力作用下，易产生塑性变形，并导致上部易产生脆性破裂的坚硬岩层开裂。伴随煤层的不断开采，大面积采空区上部的岩体就像挑出的"悬臂梁"，在自身重力作用下，必将导致坡顶产生垂向拉张裂隙，且随着进一步向内开挖"悬臂梁"横向力臂、垂向自身重力都在逐渐增大，斜坡逐步趋于失稳。裂缝向下延伸、贯通至煤系软弱夹层，最终剪断"悬臂梁"斜坡破坏失稳（图2.35、图2.36）。

图 2.34　向前倾的危岩体

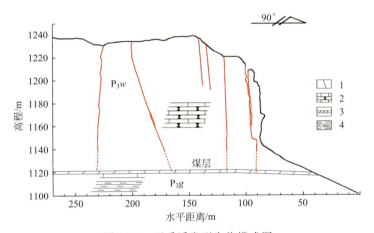

图 2.35　开采诱发型失稳模式图
1. 裂隙；2. 燧石条带灰岩；3. 煤层；4. 硅质页岩

2010年8月14日变形明显并有加剧之势，10月21日早上7：40，危岩体东侧发生大规模崩滑，向外滑动约10～15m，整体下座约10m，推挤崖脚土体向公路下方滑动，大量土层及岩块向坡下崩落（图2.38）。初步估计该次滑塌总方量约10万m³，其中滑移后停留在斜坡上的危岩主体长约80m、高约70m、厚约10～15m，体积约7万m³，另有3万m³堆积于公路下方的斜坡上。重庆市政府及相关部门于2011年9月7日开始对望霞危岩应急排危处置工程爆破施工（图2.39、图2.40），同时对该段长江行道进行封闭禁航。目前爆破清除及防治工作已完成。

图2.36 坡顶溶蚀塌陷坑

图2.37 原始地貌（2008年8月照）

图2.38 崩塌发生后

图2.39 爆破中

图2.40 爆破清除后

2.3.2 抱龙河-培石库岸段

抱龙河-培石库岸段全长约10km，该库岸段左岸零星发育一些小型孤石危岩，大型危岩发育主要集中在长江右岸局部区域，其中典型危岩如曲尺滩危岩体、黄岩窝危岩体。该库岸段河道相对较狭窄，河流走向SWW-NEE。长江两岸库岸高差较小，高程400~800m，最高点1200m，为中低山峡谷地貌。该区域主要出露的地层为：三叠系嘉陵江组三段（T_1j^3）灰白色的薄—中厚层状白云岩、厚层致密泥质灰岩、白云质灰岩、灰岩，中部夹燧石团块，坡顶则为由三叠系嘉陵江组四段（T_1j^4）白云质灰岩、溶崩角砾岩构成的缓坡。

构造上该库岸段位于 NEE60°～70°青石背斜核部。褶皱宽缓、总体对称，呈波状，轴部地层近水平，该背斜向东倾伏，在鳊鱼溪被 NNW 向边域溪背斜和下庄坪向斜横向截断。它是神女溪-官渡口向斜与培石向斜之间的次级褶皱，长度较小，区内可见约 10km，南西端始于任家槽，呈 60～70°方向，展布于龙王包—青岩子—曲尺滩一带，止于长江。

1. 高陡岸坡及危岩发育

该库岸段危岩发育相对较少、类型单一。集中分布于图 2.41 中虚线框所示的曲尺滩和黄岩窝两个区域，其中★为危岩群内重要、典型危岩单体。

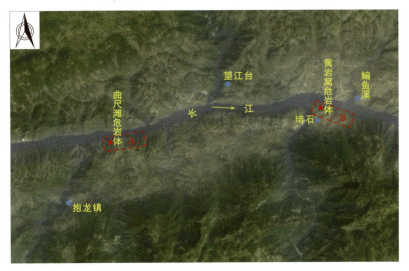

图 2.41　抱龙河-培石高陡岸坡、危岩发育分布图

A 区：坡体呈凸形，坡体下部为陡峻坡或陡崖，上部为缓坡，顺向飘倾结构岸坡，块体崩塌形成多处崖面缺刻。危岩体分布高程 150～350m，主要由嘉陵江组三段（T_1j^3）灰白色的薄—中厚层状白云岩、厚层致密泥质灰岩、白云质灰岩、灰岩组成，层面：326°～336°∠10°～24°，主要发育三组结构面：①251°～267°∠67°～83°；②75°～86°∠47°～59°；③137°～146°∠75°～82°。库岸在三组结构面与岩层的共同切割下形成危岩单体，该区域危岩体多以小型危岩体为主。

B 区：位于长江巫峡神女峰下游 12km 铁棺峡的南岸。铁棺峡内江面狭窄，宽约 200m，缓倾顺向结构岸坡。两岸为三叠系嘉陵江组三段灰岩构成的百米高的陡立悬崖，岩体多呈板柱状结构。该区域主要发育纵向大型节理、裂隙，多呈两面临空状，危岩块体方量多为（1~2）×$10^4 m^3$，危岩边界较清晰。

2. 抱龙河-培石库岸段失稳模式

1）滑移型

这种失稳模式主要位于曲尺滩一带（A 区）青石背斜北翼，顺向飘倾结构岸坡，岩层缓倾，岩体内部发育具有一定倾角的斜向切层节理、裂隙，在铁棺峡一带普遍发育。在卸荷作用下，节理普遍张开，并构成块体的切割面，形成以斜向节理面为滑移面的危岩块体，块体多为楔形体，在外界因素的影响下，裂隙逐步拓展、贯通，最终破坏失稳（图 2.42）。

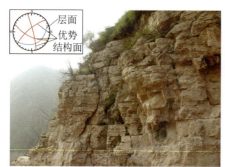

图 2.42 滑移型危岩实例

2）倾倒型

该类型危岩在黄岩窝所在的铁棺峡一带（B 区）集中发育，该区域为东西向主体构造和近南北向构造叠加部位，构成两岸陡峻岸坡的岩层近水平产出缓倾顺向结构岸坡。岩层产状为 168°∠5°~8°，发育两组大型纵向切层节理：①67°~

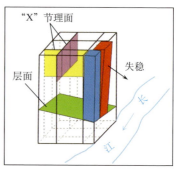

图 2.43 "X"节理控制的倾倒型危岩实例及失稳模式图

75°∠79°～86°；②320°～335°∠78°～85°。该两组大型纵张节理为共轭"X"节理，两组垂直方向长大贯通裂隙与近水平的岩层层面将岩体切割成单薄的长柱状危岩体（图2.43）。

2.4 小　　结

通过野外实地调查，三峡库区中岸坡结构类型有多种类型，但通过总结分析，最容易发生变形破坏致灾的岸坡结构主要有以下三种。

（1）中倾逆向结构岸坡。该结构类型的高陡岸坡主要发育在三峡库区巫峡段巫峡口至独龙一带。其变形破坏的主要显著特征为：大量发育垂直于坡面和平行于坡面两组结构面，岩体结构极其破碎，在外界因素、自身重力作用下，发生连续累进性变形，最终大量小型结构面逐步贯通形成统一破坏面发生破坏（图2.44），主要的变形破坏模式为复合弯曲倾倒、V型倾倒、剪切滑移。

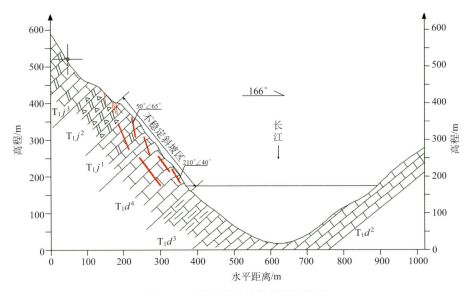

图2.44　逆向岸坡结构剖面示意图

（2）缓倾层状横向结构岸坡。该结构类型的高陡岸坡在三峡库区较为发育，集中发育于背斜构造核部区域。在三峡库区西陵峡内梭子山危岩体一带、巫峡箭穿洞危岩体、黄岩窝一带、瞿塘峡吊嘴危岩一带。该结构类型岸坡所在库岸段河道较窄，灾害体类型多以危岩为主，致灾性较强。其变形破坏的主要显著特征为：岩体结构相对较完整，但发育大型切层结构面，在外界因素、自身重力作用下，岩体将沿大型结构面发生整体破坏（图2.45），主要的变形破坏模式为拉

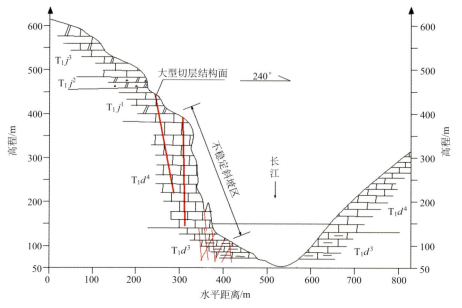

图 2.45 缓倾层状岸坡结构剖面示意图

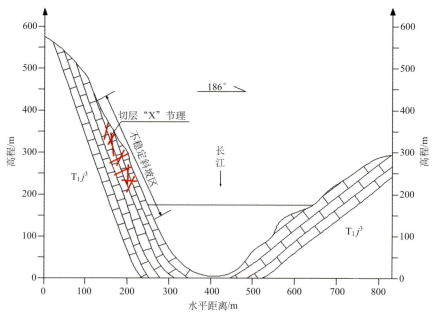

图 2.46 中倾—陡倾顺向岸坡结构剖面示意图

裂-倾倒。

（3）中倾—陡倾顺向结构岸坡。该结构类型的高陡岸坡在三峡库区巫峡段神女峰—剪刀峰一带较为发育，其变形破坏的主要显著特征为：大量发育"X"节理，在"X"节理和层面的切割下，形成菱形或不规则小型块体，灾害体类型多以危岩为主，由于山高坡陡，灾害体分布高程较高，故其致灾性较强。在外界因素、自身重力作用下，岩体将沿层面发生整体破坏（图2.46），主要的变形破坏模式为拉裂滑移、倾倒、坠落。

第3章 典型高陡岸坡及库水对其影响分析

三峡库区每年夏季库水位在低水位时，大面积消落带斜坡被曝晒。9月三峡库区蓄水开始后，消落带斜坡重新浸泡在库水中。三峡库区水位周期性波动对高陡岸坡稳定性产生强烈影响，其中巫峡上段龚家坊至青石一带岸坡表现最为明显。以茅草坡、龚家坊4#斜坡、箭穿洞危岩体、青石滑坡、横石溪危岩体等五处高陡斜坡为例，分析蓄水后库水位波动状况下，蓄水对这些高陡斜坡产生的不同影响。

3.1 库水波动对茅草坡斜坡的影响

3.1.1 茅草坡斜坡概况

茅草坡位于三峡库区巫峡段长江北岸，距重庆市巫山县新县城4.5km，距龚家坊斜坡1km，长江在该区的原始水位为90m左右。茅草坡坡体两侧以季节性冲沟为界，前缘为长江。斜坡地形北高南低，前缘高程96m，后缘高程380m。斜坡平面形态呈筲箕状，其前缘宽236m，后缘宽94m，纵向长（斜长）597m，面积约$2.7 \times 10^4 m^2$，平均厚度约15m，体积约40万m^3。地形前缘较陡，坡度为54°～57°，中后部坡度为40°～49°（图3.1、图3.2）。

该斜坡位于巫山向斜的东翼、横石溪背斜的NW翼。正常岩层产状为320°～340°∠50°～60°，呈单斜产出。坡向160°，为逆向岸坡，地层岩性由三叠系大冶组、嘉陵江组薄层、中层泥灰岩、灰岩、页岩构成。

在茅草坡不稳定斜坡变形、破坏迹象十分明显。调查中发现了两种类型的倾倒变形现象：岩块复合弯曲倾倒和V型倾倒。岩块复合弯曲倾倒现象普遍发生，为该斜坡的主要倾倒变形现象（图3.3）。

但是，在斜坡的下游冲沟侧明显表现为V型倾倒变形（Hellmut and Voelk，2000）（图3.4）。V型倾倒和岩块复合弯曲倾倒形成的差异可能与斜坡各处顺坡向结构面发育情况有关，当顺坡向结构面为长大型，且形成于斜坡重力变形之前，则更可能形成V型倾倒。当岩体为软硬相间岩体时，则多会发生岩块复合弯曲倾倒变形。

在茅草坡高程185m处发现的拉裂坎高差达3.4m，宽1.6m，长14.7m，走向65°，该处地表岩性为胶结良好的崩塌堆积物。斜坡中部高程220m处也发现有落坎，高差0.5～1m，长5m左右，走向77°，该处地表岩性为黏土含碎石。

图 3.1 茅草坡斜坡全景照片

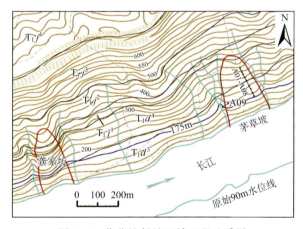

图 3.2 茅草坡斜坡区域工程地质图

这些拉裂坎与倾倒造成的反坡坎明显不一样,为顺坡向发育,倾向坡外。

对茅草坡进行了结构面测量,143 条结构面显示两组优势结构面。一组大致平行于坡面(a 组),产状:$150°\sim180°\angle40°\sim60°$;一组大致垂直于坡面(b

图 3.3　岩块复合弯曲倾倒现象　　　　　图 3.4　V 型倾倒现象

组），产状：70°～100°∠70°～85°。结构面测量发现结构面发育密度因方位不同而有较大差异。斜坡表面（坡面）的裂隙显示率明显低于冲沟侧（纵向方向）露头的显示率。因此突出山体的斜坡表面上看起来比坡体内部的岩石完整度高很多，这使得该不稳定斜坡具有很强的隐蔽性。

3.1.2　相对位移监测设置

由于巫峡-独龙段库岸斜坡山高坡陡，建立 GPS 监测点或用全站仪进行监测难度较大，并且只能在长江南岸建设观测点，观测点与监测点间的距离较大，有些点甚至超过 1km，精度难以掌握；故选择建立无线传输的相对位移对斜坡进行实时监测，可以达到比较好的效果。

在茅草坡斜坡上建立一条由 9 个位移计构成的伸缩计监测剖面，同时布置一台雨量计对降雨量进行实时监测。该监测网由太阳能供电系统、数据采集系统、无线传输系统组成（图 3.5）。监测仪器采用的柔性伸缩位移计（YH1420A 型）由湘银河传感科技有限公司（湖南）研发，其分辨率为 0.01mm，完全符合岩质斜坡变形监测的需要。该监测系统主要对两项内容监测，靠近下游侧的剖面由 A01～A08 进行实时监测（图 3.6），主要对斜坡体的整体进行变形监测，上游侧底层滑移面由 A09 进行监测，主要监测底层滑移面的变形情况。

3.1.3　库水位波动影响

根据伸缩计的特性可知：当其测量值＜初始值时，斜坡在该区域表现为压缩状态，测量值＞初始值时，斜坡在该区域表现为拉伸状态。监测数据分析结果表明（图 3.7），后缘 A01 伸缩计拉伸量累计达 20mm，位移最大。A02 位移计显

图 3.5　雨量计及数据采集系统　　　　　图 3.6　位移监测剖面

示先拉伸后压缩。而位移计 A03～A08 所在区域具有基本一致的运动特征，位移约 10mm。由于 A09 位移计基本处于该斜坡坡脚处，下方近江面变形强烈，位移计拉伸量累计达 12mm，而且在逐渐增加。由斜坡的运动特征可知，当位移计表现为拉伸时，位移计区间的坡体在向坡外运动。当位移计变现为压缩状态时，位移计区间的坡体受挤压。

综合各个监测数据，斜坡呈整体运动；后缘拉伸明显，向坡外运动；而坡体内基本呈整体运动，局部区域受挤压，但挤压位移不大。上游侧滑面持续向坡外运动，运动量与 A03～A08 相当，显示滑坡运动确由滑面运动造成。

从图 3.7 的水位和监测数据的对应来看，除了在 2010 年 12 月蓄水 175m 有明显响应外，斜坡与蓄水位暂无明显响应关系。

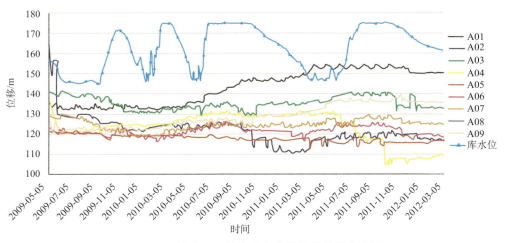

图 3.7　三峡库区巫峡水位与茅草坡伸缩计位移图

2006年以来，武汉地质调查中心即开始对巫峡段库岸密切关注，尤其本项目自2010年执行以来，对变形、破坏迹象明显的斜坡进行了大量的巡查工作。图3.8记录了茅草坡斜坡上游侧岩体历年的变形破坏状况。2010年其上游冲沟测出现局部淘蚀，岩体破碎、羽状裂隙出露，有揉皱现象；2011年其变形、破坏范围进一步拓展，淘蚀凹腔进一步加深；2012年在淘蚀范围扩大的基础上，节理、裂隙进一步恶化形成大型贯通性结构面；2013年上游冲沟侧原始界面几乎完全被淘蚀破坏（图3.8）。

图3.8 茅草坡斜坡上游边界坡脚历年照片对比

对茅草坡斜坡下游边界同样进行了多年观测（图3.9）。通过2008～2013年记录的其变形、破坏特征可以清楚看出，在江水作用下，其下方植被最先被破坏掉，受到垂直斜坡节理切割与斜坡分离开来的楔形碎裂岩体体积逐年减小，到了2013年，该碎裂岩体基本被淘蚀殆尽。除此之外，对于斜坡自身也发生了明显变形破坏迹象，江水作用下，节理裂隙中的填充物随江水流失，出现大量大型裂缝，且逐年拓展延伸，坡角处出现大量的冲刷、淘蚀洞穴，局部出现架空现象，岩体强度降低，岩体结构变得松散，后期也进一步加强巡视力度。

从监测曲线来看，茅草坡前缘牵引、中部压缩、后缘拉伸；从坡脚历年的变化来看，坡脚附近岩体正在逐步破坏或劣化。因此，在库水波动下，茅草坡斜坡总体呈前缘牵引、后部推移的变形模式，且前缘的牵引作用将加强。

图 3.9 茅草坡斜坡下游边界坡脚历年照片对比

3.2 库水波动对龚家坊 4# 斜坡的影响

3.2.1 龚家坊 4# 斜坡概况

龚家坊 4# 斜坡位于长江左岸，上距重庆市巫山县县城 5km，距龚家坊斜坡 1.5km，该斜坡所处区域上为中低山峡谷地貌（图 3.10、图 3.11），斜坡是以两侧冲沟为界，斜坡平面形态呈舌形，坡向 160°，其中高程 450m 以下平均坡角 45°～55°，高程 450～600m，平均坡角 35°～45°，高程 600m 以上呈峻坡状坡角达到 65°～75°，故该斜坡自上而下呈陡-缓-陡折线状。前缘直抵长江，前缘高程 100m，后缘高程 510m，其前缘宽 210m，后缘宽 195m，斜长 755m，平均厚度 15m，面积约 $3.5 \times 10^4 m^2$，体积约 45 万 m^3。

图 3.10　龚家坊 4# 斜坡全景照片

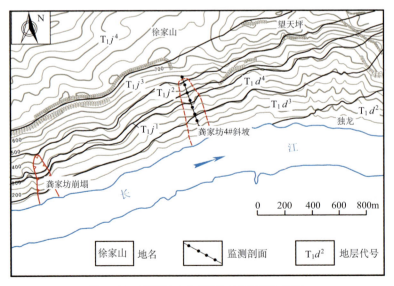

图 3.11　龚家坊 4# 斜坡区域工程地质图

通过对龚家坊4#斜坡的详细调查分析，该斜坡的变形特征主要为：层间剪切、坡面拉裂、倾倒变形。

高程270m处发现走向80°～110°的落坎，呈弧形，坎高0.5～1.2m，长度大于10m；高程312m处发现走向85°～95°的下座陡坎，呈弧形，坎高0.6m，长度大于10m（图3.12a），在高程340m、351m处也发现多处落坎。在斜坡中部有明显V型倾倒变形（图3.12b）。

坡脚自西向东出现不同程度变形垮塌，变形以岩块复合弯曲倾倒为主。在斜坡东、西两侧坡角冲沟内均可观察到该变形特征（图3.12c、d）。针对该斜坡，复合弯曲倾倒是岩块沿着横节理（130°～160°∠45°～65°）产生大量的微小位移，展示出岩层弯曲的连续性和累进性。岩块复合弯曲倾倒现象普遍发生，为该斜坡的主要倾倒变形现象。

图3.12 斜坡变形破坏特征

3.2.2 相对位移监测

依据龚家坊4#高陡斜坡的地形地貌特征、变形特征以及变形趋势，运用位移计对其进行相对位移实时监测。监测仪器采用与茅草坪一致的柔性伸缩位移计（YH1420A 型）。首先沿斜坡山脊中央修建了一条垂向监测剖面，布设 B01～B09 9 个位移计。

根据已获取的监测数据分析可知（图 3.13），后缘 B01 数值变化量为 0.1～3mm，由于其处于后缘稳定基岩上，十分稳定，故其位移变化微弱；B02、B04、B05、B06、B09 位移计总体表现为拉伸，呈现出基本一致的运动特征，变形量为 20～36mm；B07、B08 位移计总体表现为压缩，具有基本一致的运动特征，压缩量为 10～15mm；而 B03 和 B09 位移计总体表现为先拉伸、再压缩、再拉伸的反复变形特征，达到 30～40mm 的累计变形量。由斜坡的变形破坏特征可知，当位移计表现为拉伸状态时，该位移计所在区域的坡体在向坡外运动；当位移计表现为压缩状态时，该位移计所在区域的坡体受到挤压。

结合各点的监测数据分析，该高陡斜坡呈整体运动状态；斜坡后缘至中部坡段（B02～B06）明显呈拉伸状态，向坡外运动；而斜坡下部坡段（B07～B09）明显呈压缩状态，坡体内部受到挤压，主要因为斜坡该坡段处于厚层灰岩（T_1d^4），起到支挡、锁固作用。

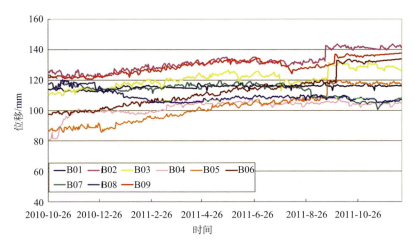

图 3.13　龚家坊 4#斜坡伸缩计位移图

3.2.3　库水位波动影响

根据斜坡特征结合各时段各监测点位移变化的大小，<5mm 为缓慢变形阶段，≥5mm 为加速变形阶段。通过资料搜集和现场仔细观测，巫峡口-独龙段库水位波动曲线（图 3.14），与各监测点位移曲线进行对比，如图 3.14 中所示，2010 年 10 月下旬～2011 年 1 月上旬库水位处于稳定时期，除个别监测点受到降

雨影响，基本处于极其缓慢变形状态；2011年1月中旬～2011年6月上旬库水位由174.48m缓慢降至146.45m，各监测点呈波动缓慢变化，2011年6月中旬～2011年8月中旬，排除汛期，库水位处于稳定时期，除个别监测点受到降雨影响，基本处于极其缓慢变形状态；2011年8月下旬～2011年10月中旬库水位由146.33m快速升至174.25m，大部分监测点位移呈现陡然增长状态，斜坡变形加剧；2011年10月下旬～2012年1月上旬库水位处于稳定时期，各监测点基本呈稳定状态，2012年1月中旬～2012年3月下旬，174.73m快速降至164.71m，大部分监测点位移呈现陡然增长状态，斜坡处于加速变形阶段（曾刚，2011；贾逸、任光明，2011）。

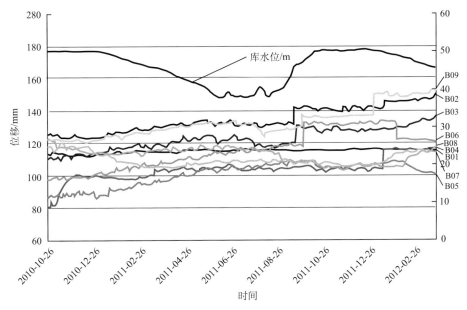

图3.14 巫峡库水位升降-龚家坊4#斜坡位移曲线关系图

由于该库岸段高陡岸坡节理、裂隙极其发育，该斜坡变形破坏与库水位升降密切相关。对形变量＞5mm的加速变形阶段进行分析研究发现：对比库水位升降数据，水位下降时水位下降大于0.5m/d时变形最为强烈，水位上升时水位抬升大于1m/d时变形最为强烈。

通过调查、长期观测，龚家坊4#斜坡每年均有不同程度变形破坏（图3.15）。2009年该斜坡消落带仅出现两处明显变形、破坏形成的塌岸，破坏的面积小、深度浅，而到了2010年，该斜坡消落带已经出现大小5、6处破坏区域，而且其原破坏区域，面积在拓展、深度加剧，到了2012年，该消落带区域基本完全被破坏，形成贯通带状塌岸，江水淘蚀作用下，大量节理、裂隙出露于坡

图 3.15 龚家坊 4#斜坡历年照片对比

面,局部出现淘蚀凹腔,岩体结构松散,局部有架空现象。2013 年重庆市政府及相关部门决定作为龚家坊-独龙段示范防治工程对其消落带区域进行加固处理,目前工程已竣工完成。

从监测曲线来看,龚家坊 4#坡前缘牵引、中部压缩、后缘拉伸;从坡脚历年的变化来看,坡脚附近岩体正在逐步破坏或劣化。因此,在库水波动下,龚家坊 4#斜坡总体呈前缘牵引、后部推移的变形模式,且前缘的牵引作用将加强。

3.3 库水波动对箭穿洞危岩体的影响

3.3.1 箭穿洞危岩体概况

箭穿洞危岩体位于三峡库区重庆市巫山县长江左岸,上距巫山县城 12km,位于巫峡著名的神女峰西侧坡脚处,距下游神女溪口和下游青石居民聚集区 1.3km。该段峡谷在三峡水库蓄水至 175m 后,水深约 105m 左右,江面宽度只有约 500m,相对高差 900m,总体坡度达 55°,是长江三峡江面最为狭窄的峡谷之一。在峡谷左岸地貌呈现陡崖与中缓坡交替的阶梯状三级台阶(图 3.16)。台阶地貌的形成与岩性有关。三级台阶台面分别由神女峰背斜核部大冶组四段(T_1d^4)、三叠系嘉陵江组三段(T_1j^3)和嘉陵江组四段(T_1j^4)构成,三级台阶之间的陡坡分别由嘉陵江组一段至三段($T_1j^1 \sim T_1j^3$)底部和嘉陵江组四段盐溶角砾岩构成。第一级台阶发育箭穿洞危岩体,第二级台阶发育神女峰等崖坡地貌,第三级台阶则为坡顶平台。谷坡发育数条冲沟,其中箭穿洞危岩体北西侧发育的冲沟仅有季节性雨水汇集,南东侧冲沟雨季有常年流水。

图 3.16 神女峰背斜及箭穿洞危岩体地貌

箭穿洞斜坡出露地层为下三叠统嘉陵江组第一段至第四段($T_1j^1 \sim T_1j^4$)和大冶组第三段(T_1d^3)和第四段(T_1d^4)(图 3.17)。岩性分述如下。

1) 嘉陵江组(T_1j)

嘉陵江组第一段(T_1j^1)位于箭穿洞危岩体上部,岩性底部为灰白色的薄—中厚层状白云岩、泥质灰岩夹一层厚度约 1m 的角砾状灰岩,其上为薄—中厚层状的浅灰色灰岩,该层厚度约 100m。

嘉陵组第二段(T_1j^2)位于神女峰山脚,岩性为薄—中厚层的白云岩、灰质白云岩、盐溶角砾岩,该层厚度约 20m。

图 3.17 箭穿洞危岩体

嘉陵江组第三段位于峡谷第二级陡崖,岩性为灰色厚层致密泥质灰岩、白云质灰岩、灰岩,中部夹燧石团块,见条带状构造,该层厚度约 240m。

嘉陵江组第四段组成第三级陡崖,岩性为浅灰色厚层夹薄层白云岩、含泥质白云质灰岩夹多层盐溶角砾岩,中上部夹角砾状灰岩,该层厚度约 320m。

2) 大冶组(T_1d)

大冶组第四段(T_1d^4),底部岩性为灰色厚层砾屑、砂屑灰岩,为接触式胶结,胶结物为泥钙质,具条带状构造,该层厚度约 10m,其上为灰色、肉红色的中—厚层状致密的泥质灰岩、灰岩,具有条带状构造,顶部见波痕,该层厚度约 120m。

大冶组第三段(T_1d^3),顶部高程约 156m,大部分位于长江水位线以下,175m 水位线将全部淹没该层,岩性为中厚层状的含泥质灰岩,断口呈贝壳状,具波痕,厚度大于 11m。该岩性组成箭穿洞危岩体基座,控制着箭穿洞危岩体的稳定性。

箭穿洞危岩体位于穿箭峡不对称的 V 型峡谷地带,该处江面狭窄,相对高差 900m,总体坡度达 55°。箭穿洞危岩体位于神女峰背斜 SE 翼近核部转折端(图 3.18)。神女峰背斜是区内横石溪 SE 翼发育的次级褶皱之一,神女峰背斜核部一带总体形态宽缓,核部出露三叠系大冶组四段(T_1d^4)地层。

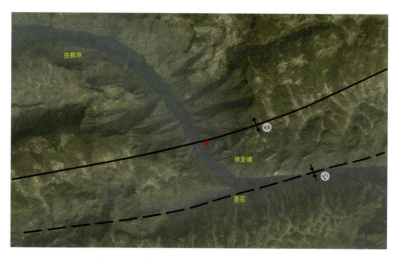

图 3.18 箭穿洞危岩体区域构造纲要图
①为神女峰背斜;②为神女溪向斜

从结构面的发育状况来看,在后缘发育大型卸荷裂隙,两侧发育边界裂隙,基座部分被压裂,发育大量的结构面。除此之外,在危岩体内部较少出现大型的裂隙和结构面,岩体呈大型结构面分割的整体结构。结构面的发育和岩体结构直接控制着危岩体的几何形状和失稳模式。

箭穿洞危岩体上游侧以陡崖冲沟为界。下游侧边界裂缝在陡崖面上清晰可见,上宽下窄,充填或局部充填碎石土或溶蚀、残积碎石土,并向下逐渐收敛至 153m 高程尖灭。该边界裂隙产状上陡下缓,上部产状 324°∠65°,中段局部直立转而缓倾,下部产状 324°∠45°。危岩体基座为大冶组第三段的泥灰岩缓坡。危岩体从临空面陡崖至后缘共发现有 5 条系列卸荷裂缝(L1~L5),产状为 276°~

260°∠75°~85°。这些裂缝均为张开状态。由临空面至后缘，裂隙张开度逐渐增加，最后缘的 L1 张开度最大，达到 3.15m。这些裂隙的底部均被碎石所填充（图 3.19）。因此，箭穿洞危岩体的三维切割边界清楚，其几何形态呈不规则的六面体。后缘高程为 278~305m，基座高程为 155m，平均高差为 135m，危岩体平均横宽约 55m，平均厚度约 50m，危岩体方量约 $36 \times 10^4 \, m^3$，主崩方向为 260°。

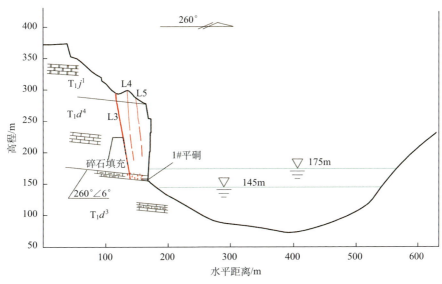

图 3.19 箭穿洞危岩体剖面图

3.3.2 库水波动对箭穿洞危岩体的影响

危岩体基座岩石强度相对较低，基座上出现的劈裂状裂缝应是在上部荷载作用下出现的压裂现象。由于危岩体已基本脱离母岩，它的重力基本直接作用在了基座岩体上，使得基座岩体出现了类似单轴压力下的纵张裂隙和剪切裂缝。基座岩体的破坏又会进一步加剧危岩体后缘裂隙的张开与贯通，危及危岩体的整体稳定性。

同时，由于基座顶部高程为 155m，它恰好处于三峡库区低水位 145m 和 175m 高水位的水位变动带上。周期性的水位涨落和水岩相互作用，会造成消落带岩体强度降低（刘新荣等，2009；邓华锋等，2012；王运生等，2009）。汤连生等（2004）对灰岩进行长时间流动浸泡后，进行了单轴抗压强度研究。他的试验研究表明水-岩化学作用对岩石的力学效应影响显著且具很强的时间依赖性，当浸泡 4855h 后，灰岩强度降低 20% 左右。事实上，江水的周期性涨落和淘蚀确实对箭穿洞基座岩体有较大影响。通过 2006 年至 2014 年来对箭穿洞危岩体基座的连续观察发现，在库水位的周期升降作用下，危岩体基座岩体出现了明显的变形破坏迹象。2006 年调查时 3♯平硐的顶板已发生了垮塌。2012 年 7 月调查时 2♯平硐内出现顶板垮塌。2013 年 5 月进行调查时 1♯平硐斜上方基座岩体也发生了垮塌，垮塌面积较小，深度未知。同时，在江水的淘蚀下，基座岩体中裂缝逐渐被淘蚀，部分裂缝张开达 0.1～0.5m。在临空陡崖面，平缓的岩层层间泥质条带被淘空，形成层间裂缝，高 5～20cm。在重力、库水淘蚀和周期性曝晒-浸泡循环荷载等综合作用下，大量基座表层岩体的宏观裂隙增多、延展（图 3.20）。这些现象均说明基座岩体出现了加速劣化趋势，不利于箭穿洞危岩体的稳定。

图 3.20 箭穿洞危岩体全貌及历年基座岩体变化状况
1.2006 年 7 月摄；2.2009 年 6 月摄；3.2011 年 7 月摄；4.2013 年 5 月摄

很显然，箭穿洞危岩体的变形是在重力为主导作用下产生的，库水位波动是其重要的影响因素。三峡水库 175m 水位蓄水后，基座岩体加速了劣化过程。对这样一个塔柱状危岩体，基座的劣化不仅降低了危岩体的稳定性，同时极大地影响着危岩体的失稳模式。总体来看，箭穿洞危岩体可能存在向前倾倒和后靠滑移这两种失稳模式。

在重力的分力作用下，后缘裂隙附近基座岩体被压碎或挤走（图 3.21a），会发生滑移失稳（图 3.21b）。当临空面内侧基座岩体可压缩空间大量出现时，危岩体会以踵部为支点，向临空面方向转动，压缩下部岩体，倾倒破坏就会发生

(图 3.21c)。两种失稳模式目前判断均有可能发生。

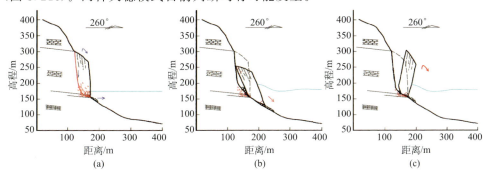

图 3.21 箭穿洞危岩体倾倒破坏演化示意图

从上述分析可见，基座岩体的破坏主要是由压力造成的，库水位波动对箭穿洞的影响主要是基座岩体劣化，劣化加速了基座岩体的破坏。因此，库水波动在箭穿洞危岩体变形破坏中起加速作用。

3.4 库水波动对青石滑坡的影响

3.4.1 青石滑坡概况

青石滑坡位于三峡库区巫山县抱龙镇青石村八、九社神女溪右岸，小地名为王家大屋场；距下游神女溪与长江交汇口 2.1km，距巫山县城水平距离 11 公里（图 3.22）。滑坡区交通不便，靠水路班船和后山碎石路通往巫山县城。青石滑

图 3.22 青石滑坡交通位置图

坡一旦整体下滑，将直接威胁滑坡区内113户354人的生命财产安全。同时，大量岩土体进入神女溪，可能阻塞河道，形成堰塞湖；神女溪景区航道、上游净坛峰电站机房和长江口主航道的安全都受到严重威胁。

青石滑坡区域处于不对称V形深切河谷的神女溪下游区域。滑坡平面呈不规则箕形，平均宽度约600m，地形上南高北低，两侧高中间低，呈现明显圈椅状地貌（图3.23）。滑坡后缘为一陡立悬崖，岩壁坡度80°左右，高差70~180m。悬崖下发育有一近东西向负地形槽谷，槽谷往东连接一大型冲沟，往西缓变为斜坡地带。槽谷高程为550~555m，宽约30m左右。槽谷北面发育有两个小山包，山包坡度为30°~40°，坡度较陡区域标高为330~565m之间，灌木丛生。滑坡区高程330m以下为中前部居民聚集区域，地势相对平坦；地形坡度为20°左右，地貌上为凸起的"大肚子"。滑坡区前缘坡脚地形坡度为50°~60°左右，局部陡立，呈舌状向北凸出；垮塌后局部坡度减低至35°~40°左右。神女溪河底高程据208队水下地形图测量为106.0~118.86m。

图3.23 滑坡区地貌图

地层以下三叠统嘉陵江组一段至三段灰色中厚层泥质灰岩、灰岩白云岩、盐溶角砾状灰岩、灰色夹肉红色厚层致密泥质夹白云岩灰岩及灰岩组成。这些岩层在滑坡体外围均有分布，嘉陵江组一段至四段从坡底至陡崖依次出露。由于构造影响，岩层产状有起伏。神女溪左岸岩层产状87°~135°∠17°~32°（倾向南东为主），神女溪右岸岩层产状26°~110°∠14°~35°（倾向北东为主）。滑坡前缘岩层倾角10°~27°，滑坡后缘岩层倾角相对平缓，一般为8~15°。岩层主要发育三组裂隙：①倾向337°，倾角36°，一般张开1~5mm，泥质、岩溶钙化物填充，间距 0.3～2.8m，延伸长度 1～8m，结合差；②倾向 247°，倾角 87°，一般张开 1～3mm，无填充，间距 0.5～3.6m，延伸长度 1～5m；③倾向 26°～38°，倾角 72°～86°，一般张开 3～50mm，泥质、岩溶钙化物填充，间距 0.8～3.5m，延伸长度 2～15m，结合差。滑坡的上游侧及前缘拉裂开后，可见滑坡体内部的碎裂岩也具有一定的成层性（图 3.24～图 3.27），产状：350°∠51°。

图 3.24 前缘塌岸断面的成层性

图 3.25 上游侧滑体的成层性

图 3.26 大型裂缝断面的成层性

图 3.27 后缘山包的成层性

滑坡区构造上受神女峰背斜和官渡-神女溪向斜影响，总体位于官渡-神女溪向斜的东南翼。官渡-神女溪向斜是一紧闭褶皱，其核部宽度较窄，轴线变化较快。其轴线大致走向 75°，在青石口处轴线出露，最高至高程 300m 左右，在距离滑坡 1km 处轴线入神女溪后，从青石滑坡体通过。因此，滑坡的下游侧基岩为顺层发育，至前缘基岩近水平；而滑坡的上游侧上部基岩为顺层发育，前缘底边界岩层向南东倾。

从野外调查、探槽揭露和 208 队的钻探揭露来看，滑坡体物质大致可分为碎石土、黏土含碎石。黏土含碎石主要分布在后缘的负地形槽谷中及滑坡表面局部区域，碎石含量不等，例如在滑坡东侧的一探槽内（TC7）发现碎石含量极少（图 3.28）。碎石土中的碎石有三种岩性和结构，第一种是以灰岩块为特征的碎石土，第二种是以岩溶角砾岩为碎石的碎石土，第三种是碎裂岩或假基岩。第一种碎石土发育在坡体东侧表层，填充黏土，有钙质弱胶结；黏土含量在10%～25%左右。碎石有大有小，例如在高程475m滑坡西侧（TC8）碎石较小，平均2cm×1cm×4cm（图3.29）；在有些地方则有较大的碎石，如高程398m处房屋开挖形成的斜坡断面上显示碎石尺寸大的为12cm×15cm×18cm。第二种碎石土中的岩溶角砾岩有两个可能来源，一个是原岩嘉陵江二段的岩溶角砾岩原地堆积；另外一个来源可能为后期岩溶胶结形成。岩溶角砾岩的分布主要在斜坡的西侧。碎裂岩主要分布在槽谷北侧的小山包和滑坡深部，一般呈架空结构。

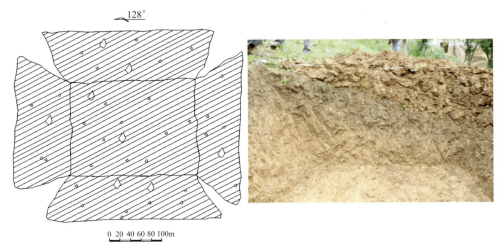

图3.28 探槽7展布图及照片

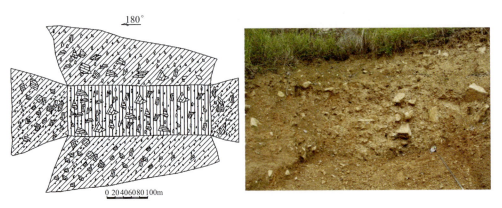

图3.29 探槽8展布图及照片

青石滑坡纵向物质组成状况根据搜集到的208队钻探资料可知：滑坡体的厚度为67.80～111.52m（图3.30）。滑带是由塑状黏土夹粉砂状碎石颗粒及碎块石组成的破碎带，物质结构较复杂，多为含黏土的粗颗粒、磨圆度较好的碎石。滑带底部发育为基岩，界面清晰，形成折线型滑面（带）。

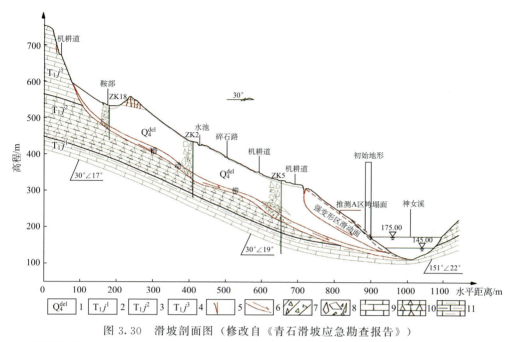

图 3.30　滑坡剖面图（修改自《青石滑坡应急勘查报告》）

1. 滑坡堆积物；2. 嘉陵江组一段；3. 嘉陵江组二段；4. 嘉陵江组三段；5. 裂隙；6. 滑动带；7. 黏土砂土含碎土；8. 碎石土；9. 灰岩、白云岩；10. 盐溶角砾岩；11. 泥灰岩

水体作用是青石滑坡变形破坏的主要诱发因素之一，滑坡物质组成状况又直接影响水体富集、运动特征。滑坡区地下水类型主要为松散岩类孔隙水，接受大气降雨和地表水补给。滑体物质由块石土堆积组成，厚度大，块石粒径大，又具架空结构，因此透水性较好。区域内河谷地形切割强烈，沟谷较多，地表径流条件好，因此滑坡区富水条件差，地下水贫乏。下伏基岩为嘉陵江组碳酸盐岩，岩溶现象较发育。岩溶管道成为地下水富集和运移的主要通道；地下水主要通过岩溶洼地和落水洞接受降雨补给，沿溶洞、暗河等岩溶管道径流，以泉的形式出露，排泄到神女溪河中。

为了进一步掌握青石滑坡体的物质组成分布特征，沿青石滑坡中部横向进行剖面测量，通过剖面测量，滑坡体横向物质组成分为三种：碎、块石土（碎、块石含量高）、黏土含碎、块石（碎、块石含量低）、盐溶角砾岩含黏土（图 3.31）。通过其发育分布状况，可知滑坡体变形、破坏特征与其物质组成密切相关。

滑坡东侧物质组成以碎、块石土为主，但由于其块石含量不同，其变形特征

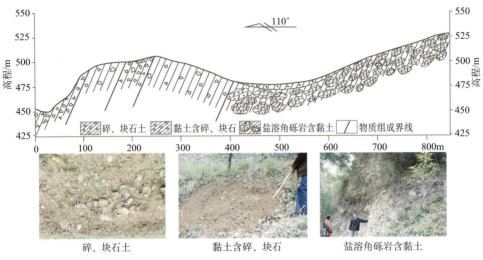

图 3.31 青石滑坡前表层横剖面图及物质组成照片

具有较大差异性,碎块石含量高的区域,其物质结构松散,易于水体入渗、流动,故其变形较大,形成长大、深层拉张裂缝、下座陡坎;碎块石含量较低的区域,变形、破坏较小,偶见小型浅表层拉张裂缝和小型塌陷土坑,盐溶角砾岩含黏土胶结良好,其发育区域总体稳定性较好,局部出现小型溃散垮塌现象,见图 3.32。

由于滑坡区域范围内下三叠统嘉陵江组厚层灰岩、角砾状灰岩、泥质灰岩、白云质灰岩大面积出露,滑坡后缘山顶溶洞、漏斗、洼地、落水洞发育(图 3.32、图 3.33),后缘山崖宽大溶隙垂直发育,裂缝也多沿岩溶孔洞发育。在滑坡区内岩溶现象也非常多,滑坡下游侧前缘有巨大的岩溶塌陷坑,直径约 80m,深约 40m。上游侧的盐溶角砾陡崖也有可能是岩溶塌陷形成。在滑坡坡体内,由于地下水的作用,松散碎石土呈钙质弱胶结;在较多的拉裂缝中可见深部块石也有岩溶钙华等现象(图 3.33~图 3.36)。

总体来看,滑坡东侧与基岩接触,西侧以冲沟凹槽地形为界,后缘以陡崖为界,前缘插入神女溪中;具体界线可根据周边出现的大小裂缝进行圈定。该滑坡平均纵长约 825m,滑坡主滑方向 30°,平均厚度约 80m,分布面积 49.5 万 m²,体积约 4000 万 m³,属特大型岩质崩滑堆积体;透水性好,岩溶发育,富水条件差。

根据当地老乡的讲述、野外调查和 208 队应急调查报告,青石滑坡在三峡库区蓄水后出现变形,并出现了几次较大的变形期。在青石滑坡前缘有明显的变形迹象,通过历年的照片对比可以清晰看出其变形发展状况。

碎、块石土变形破坏特征

盐溶角砾岩局部变形破坏特征

黏土含碎、块石区域变形破坏特征

图 3.32　青石滑坡不同物质组成变形破坏特征

图 3.33　滑坡后缘陡崖垂直裂隙及溶洞

（1）2004～2006 年局部变形：从 2004 年 7 月 14 日的遥感影像上来看，滑坡下游侧冲沟没有塌陷和陡坎缺口。2006 年 6 月进行调查时，冲沟也是喇叭口，其形态也是标准的岩溶塌陷形态。从该影像上来看，沿溪公路修建后，滑坡山脊处即出现有向上延伸的裂缝和小型拉裂。据老乡反映，未蓄水前（2005 年左右），后缘出现过小型裂缝和塌陷，但并未引起重视。

图 3.34 前缘岩溶坑（摄于 2006 年 6 月 24 日）

图 3.35 上游冲沟的两处岩溶陡崖

图 3.36 坡体内的岩溶现象

(2) 2009 年开始整体变形：2009 年三峡库区试验性蓄水至 156m 期间，在滑坡后缘槽区处曾出现宽 1～2cm 的拉裂缝，延伸长约 120m。同时形成三个塌陷土坑，直径约 0.7～1.8m，深度约 0.35～0.7m。而后，青石滑坡前缘发生一次约 1500m³ 的小型滑塌。

(3) 2010 年变形加剧：2010 年 10 月 11 日库水位蓄水 20 天内水位达到 170m 时，掉块加剧，10 月 12 日滑坡前缘（临河岸坡）发生滑塌，崩滑方量约 1.5 万 m³；而后随着库水位的升高，滑塌不断，滑坡前缘变形速度明显加快。10 月 18 日上午，滑坡前缘高程 320m 左右新出现一条延伸长 487m 的拉裂缝（图 3.37），拉裂缝宽 1～20cm，下座 15cm，可见深度 1～4m，主要延伸方向 107°。

2010 年 10 月 26 日，滑坡强变形区后缘拉裂缝继续增大，达到宽 1.5m，下座 1.0m；东侧出现断续分布的剪切裂缝，延伸方向约 25°，裂缝宽 1～4cm，延伸长度 2～5m；滑坡前缘神女溪岸坡新近出现两处滑塌体，强变形区逐渐扩大形成现今边界。

滑坡前缘从 2010 年 10 月 11 日至 11 月 19 日，变形迅速，不仅裂缝宽度和垂直位移量加大，还新增 5 条裂缝，在主裂缝两侧伴生的短小剪切、拉张裂缝更多。至 2010 年 11 月 23 日蓄水至 175m 左右，后缘裂缝最宽已达 3.5m，上下座距达 4.2m。前缘水位线一带滑塌区加速扩大，滑塌总方量近 10 万 m^3。到目前为止，强变形区后缘拉裂缝最宽处已达 4.5m 多，下座 5.4m，每遇降雨天气前缘垮塌区均会出现数方的垮塌。

（4）2011 年变形速度减缓：2011 年 2 月 24 日，在滑坡后缘鞍部区域，高程 500～550m 间发现拉裂缝 9 条，均分布在陡崖下方鞍部区域左右两侧约 400m 范围内，同时变形裂缝延伸至房屋，导致房屋变形。

2011 年 4 月 24 日，在滑坡东侧边界 410～585m 高程发现贯通性剪切裂缝，长约 500m，张开宽 5～15cm，卷尺量得深度 0.2～3.40m，下座 5～35cm，沿基岩陡坎出露，羽状发育，将后缘裂缝连通。后缘东侧拉张裂缝，长度约 35.2m，宽度 14～40cm，可见深度 0.3～1.60m，走向 310°～350°。

（5）2012 年变形速度减缓：在槽谷高程 575m 滑坡后缘东侧处，新发现一处塌陷土坑，直径约 40cm，呈圆形，下沉土体约 20cm，裂隙深不见底。在滑坡西侧高程 475m 处，发现近弧状裂隙土坎，下座 10cm，走向 280°～320°。重新调查前缘的贯通性大裂隙，东侧走向 30°～70°，张开 5～30cm；西侧走向 305°～330°，下沉 2.5～5.2m，张开宽 2.8～5.9m（图 3.38～图 3.40）。

图 3.37　2010 年 11 月 6 日前缘贯通性裂缝　　图 3.38　2012 年 2 月调查后缘房屋变形

从裂缝的分布来看，裂缝有两个密集发育区域：一个是滑坡的周缘，另一个是滑坡的前缘。滑坡的后缘裂缝为张性，两侧的裂缝多为剪性，滑坡前缘裂缝多为张性。除前缘外，在滑坡体内部较少出现裂隙。

根据裂缝发展情况、变形情况和滑坡体物质组成，可以将滑坡体划分为强变形区、一般变形区和弱变形区（图 3.41）。

图 3.39　2012 年 4 月新发现拉张裂缝　　图 3.40　2012 年 4 月新发现的拉裂缝

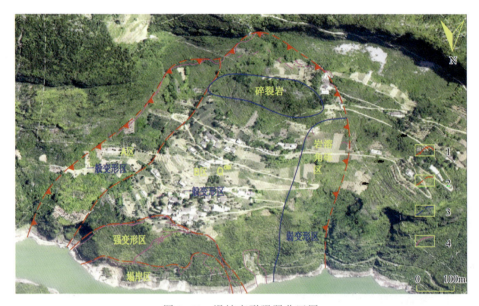

图 3.41　滑坡变形强弱分区图

塌岸区：为神女溪岸边滑坡前缘变形垮塌、滑塌最明显的区域。该区后缘高程 210～259m，呈锯齿形，宽 365m，长 105m，分布面积约 2.2 万 m^2，体积约 15 万 m^3。目前该区地形坡度 35°～40°左右，局部约 50°。从垮塌破碎的断面上看，主要构成物质为中薄层灰岩泥灰岩组成的碎裂岩，成层性好。

强变形区：为滑坡内紧靠塌岸区的陡坡地段，以大型贯通性拉裂缝为界限。该区平面呈蚌壳状，平均宽度约 450m，平均纵长约 250m，后缘高程 310～325m，强变形区滑动方向 26°，平均厚度 70m，分布面积 10.8 万 m^2，体积约 700 万 m^3。从拉裂缝的断面上看，主要构成物质为中厚层灰岩组成的碎裂岩，成层性好。该侧滑坡为顺向坡，背斜核部从河底通过，基岩产状上陡下缓（图 3.42）。

图 3.42　未蓄水前河底照片（2006 年拍摄）　　图 3.43　滑坡上游侧底部东南倾基岩出露

弱变形区：分布于滑坡的西侧，地貌上为小冲沟与大冲沟的挟持条块。该区域临河岸坡出露完整的基岩（图 3.43），没有塌岸现象发生，表层覆盖物质为碎石土，碎石为胶结很好的岩溶角砾，该区域分布面积 5.2 万 m^2。由于底部基岩倾向南东，对滑体物质向北滑动有阻滑作用；该岸坡结构有利于滑坡稳定，因此该区域变形现象较少，为弱变形区。

一般变形区：滑坡的其他区域均为一般变形区。根据地貌上的特点可分为两个小的子区域（A 区和 B 区），A 区和 B 区以中间的冲沟为界限，该冲沟深约 3m，且呈陡立状。A 区的另一边界为基岩与第四系的接触部分，也呈长条状，该区域分布面积 5.3 万 m^2。B 区的东西侧边界均为冲沟或凹槽地形，表层覆盖为碎石土。该区域面积最大，为滑坡的主体部分，面积约 26.1 万 m^2。

3.4.2　青石滑坡变形失稳模式

滑坡的形成机理分析是滑坡的发展趋势判断和稳定性分析的先决条件，具有至关重要的作用。青石滑坡的形成机理可分为老堆积体的形成机理和现今变形破坏模式这两个内容。

根据滑坡周围的地形地貌、地层岩性和滑坡微地貌特征，经过详细分析研究，关于该老堆积体的形成可能有两种模式：顺层滑坡形成和岩溶座落塌陷形成。

1）顺层滑坡形成老堆积体

滑坡区构造作用强烈，层面及垂直裂隙发育，前缘河流冲刷侵蚀形成的 V 字沟谷高陡临空，神女溪河底为泥灰岩，上覆岩体受下伏"软弱层面"控制，当上覆岩体的下滑力超过该面的实际抗剪阻力时，后缘相对薄弱部位出现拉裂槽

（图 3.44a），坡体中前缘隆起，造成滑坡阻滑段大量裂隙的发育，并形成表层岩体松动（图 3.44b）。在地下水和地表水的作用下，阻滑段力学强度逐渐降低，滑带逐渐贯通，斜坡岩体沿下伏相对软弱面向坡前临空方向滑移，并使滑移体拉裂解体（图 3.44c）。重庆市地质灾害防治工程勘查设计院（重庆地勘局 208 队）认为：滑坡后壁和右侧岩壁上有明显擦痕、附着有次棱角状至磨圆度较好的碎块石与钙质胶结物，钻探揭露滑体存在厚度约十余米的破碎带呈粉砂状夹具磨圆度的块石，以及后缘的负地形（拉裂槽位置），这些均为老滑坡滑移的佐证（图 3.44）。

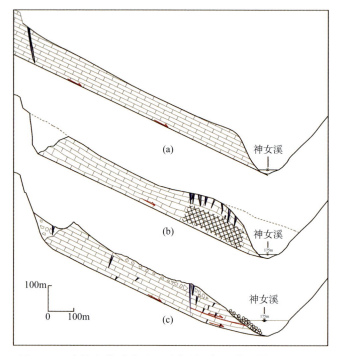

图 3.44 老堆积体形成过程示意图（据重庆地勘局 208 队）

2）岩溶座落塌陷形成老堆积体

从地层岩性组成上来看，滑坡区地表为白云质灰岩、白云岩和盐溶角砾岩，是岩溶易发生的岩性；下伏为灰泥灰岩、泥页岩，属于隔水层和岩溶底板。因此岩溶发育深度可从地表发育至 T_1j^1 泥灰岩、泥页岩底板。

从构造上来看，滑坡前缘正好是向斜核部，为储水构造；为地下汇集形成了极好条件。地表水流从垂直裂隙渗漏入坡体，沿着倾斜的隔水层向斜坡下方流动，至前缘神女溪排泄。从而形成了垂直裂隙渗漏通道和顺层面的渗漏通道。

从地貌上来看，神女溪右侧岸坡滑坡区及周围形成了近半圆形的负地形，类似大型塌陷坑。现今，后缘负地形处仍出现大量土质塌陷坑。

因此，该区域斜坡在地表水和地下水的不断侵袭下，可能形成了后缘垂直入渗和坡体内大量顺层面的岩溶管道（图 3.45a）。由于管道埋深大（近 80m），上覆岩体自重极大。支撑上覆岩体的为管道间的岩体，主要为嘉陵江组二段的盐溶角砾岩；地下水侵蚀后，强度大大降低图（图 3.45b）。当上覆岩体自重超过管道间的岩体抗压强度时，管道间岩体压裂破坏，上覆岩土体发生座滑塌落（图 3.45c）。由于管道的空间有限，造成座落的距离有限，形成了大量成层性较好的假基岩；但发育大量裂隙，且呈架空结构（图 3.45d）。

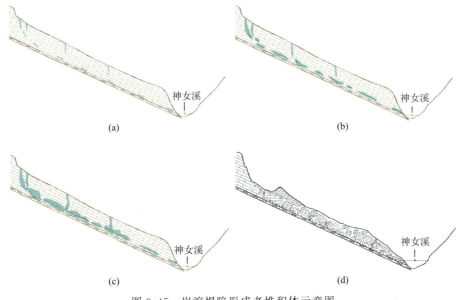

图 3.45　岩溶塌陷形成老堆积体示意图

岩溶座落形成老堆积体也可形成后缘的擦痕和后缘的负地形；同时，钻孔中出现的黏土、细砂和具磨圆度的块石等是地下水通过岩溶通道的产物。这些岩溶通道沉积物质形成了现今滑坡滑带的雏形。2004 年遥感影像与现今地貌对比出现的沟口塌陷，也说明这种岩溶座落仍在发生。

3.4.3　库水波动对青石滑坡的影响

不论是岩质滑坡还是岩溶座落发生后，大量架空结构的松散岩土体堆积于顺层的坡体上，在自重作用下和坡脚的破坏情况下会不断发生结构和应力的调整。在这一过程中，地下水进一步的把细颗粒的物质带到隔水层附近，重力的下滑分力又不断地碾压这些细颗粒物质，逐渐构成了滑带的雏形。由于松散体堆积于顺层岸坡上，这一个结构上的不稳定形成了推力式的下滑；该类型裂缝最明显最先发展的是后缘裂隙。因此才出现未蓄水前的后缘裂隙。

三峡水库蓄水以后，加速了这一过程。蓄水后，滑坡区自然条件发生显著变化，水位抬升造成河流侵蚀基准面和地下水位升高，使临水部分陡峭斜坡松散堆积体发生塌岸；临河岸坡逐渐塌滑导致滑坡前缘临空卸荷，破坏了其原有的平衡状态。在自重等作用下应力重分布，诱发、带动后部老崩滑堆积体拉张变形、形成裂缝，形成牵引式滑移破坏。在这一阶段，牵引过程是前缘塌岸破坏引发的斜坡整体结构调整，具体体现为早期青石滑坡大型裂缝从时间上和空间上均是不断出现新裂缝朝后缘发展，出现的裂缝宽度长度从前缘往后缘递减。该阶段滑坡变形为典型的牵引模式为主。

滑坡体受牵引作用进一步加剧、侧缘产生剪切裂缝，当下滑力超过抗滑力时，滑移面逐渐形成、贯通，整体滑坡处于不稳定状态，滑坡变形将转换为前缘受牵引作用，整体受推力作用的模式。从目前来看，新近的一些变形破坏现象出现在前缘和后缘，正是由于滑坡前缘受牵引作用影响，整体受推力式影响的结果。项目组自 2006 年期对该滑坡进行了密切关注，不定期对该斜坡进行巡查，以掌握其变形破坏状况，通过历年的观察，由于库水波动影响，其均有不同程度变形破坏，尤其在滑坡前缘（图 3.46）。

2006年6月24日青石前缘照片

2010年11月15日青石前缘照片

2011年3月11日青石前缘照片

2012年2月4日青石前缘照片

图 3.46 青石滑坡前缘历年变形破坏状况

综上所述，该老堆积体在蓄水前变形以重力推移式为主；蓄水后先以牵引式为主，慢慢转换为前缘受牵引作用影响，整体受推力式影响。根据这一模式，青石滑坡前缘稳定性控制着整体稳定性，而前缘的稳定性强烈地受蓄水影响。

3.5 库水对横石溪危岩体的影响

横石溪危岩体位于横石溪背斜 NW 翼，所处区域为中低山峡谷地貌，所处岸坡段为逆斜向结构岸坡，坡体陡峻，相对高差 700m 左右，坡体呈阶梯状折线坡，分别于 380～410m、420～475m、580～620m 高程发育三级平台。M1#危岩体由二叠系栖霞（P_2q）组二段坚硬灰岩构成，下伏软岩夹层栖霞组泥质瘤状灰岩、泥灰岩互层，产状 335°∠27°。危岩体位于长江和横石溪切割形成的脊状山脊中部，三面临空，后缘发育剪张性节理性断裂，内部贯通性长大节理发育，使危岩体切割、破碎，趾部已经形成可见深度达 16m 左右的塌陷坑。M1#危岩体长为 27.7m，宽为 11.2m，高为 76.8m，体积为 23700m³。

M2#危岩体由志留系纱帽组（S_1s）砂岩、灰岩互层与下部软弱粉砂质泥岩构成，近区岩层总体倾向北西，倾角 25°～35°，岩体破碎，呈碎裂结构，顶高程 270～320m，坡面向南，坡体呈 EW 向延伸，坡度为 42°～45°。危岩体处于最下方的三级平台上，高程为 248.37m，危岩体边界条件呈三面临空，NE 向为 30°～50°陡坡，SE 面向横石溪临空，SW 方向为历史多次崩塌和雨水冲蚀形成的冲沟，M2#危岩体长为 25m，宽为 12m，高为 117m，体积为 31800m³。

通过对该斜坡连续调查，自 2008 年三峡库区蓄水以来，其 M2#危岩体下方每年均有不同程度变形破坏（图 3.47）。首先其变形、破坏范围、面积自中间向横石溪上下游两侧逐年扩大，斜坡中间原来长有灌木略微突出部分逐年被剥蚀掉，到了 2013 年几乎被剥蚀殆尽。由于其变形破坏，时有小型岩块坠落，或小范围垮塌，原有的公路基本被覆盖。三峡水库枯水期水位下降后，通过下方出露的崩塌堆积物堆的变化可以看出，该斜坡每年都有不同程度的变形、破坏。该斜坡向北侧部分渐进破坏程度较高，原来近直角的坡面被剥蚀成弧状形态，坡角被剥蚀呈陡立状。微观上看，节理、裂隙内部填充物被淘蚀掉，进一步拓展、延伸形成大型贯通结构面，尤其是近南北走向节理裂隙表现最为明显。

总体来看，蓄水前，横石溪危岩体以小滑移变形为主。蓄水后，危岩体根部的岩体宏观破坏明显，且逐年扩展。在这种基座不断下切淘蚀作用下，横石溪危岩体将出现滑移或坠落。库水波动无疑极大地加速了横石溪危岩体的变形破坏进程。

图 3.47 横石溪斜坡历年照片对比

3.6 巫峡库岸段受库水影响程度分析

三峡自蓄水以来,水位周期性在 145m 和 175m 之间波动,从近几年对三峡库区峡谷库岸段的调查、研究表明:巫峡库岸受蓄水影响较强烈,岸坡变形、破坏与库水位的响应较明显。库水波动影响岸坡强烈与否的一个宏观判据在于是否出现宏观的塌岸或岩体劣化情况。周期性的水位涨落和淘蚀作用,会造成消落带岩体强度不断降低,物理上的劣化起主要作用。库水的冲刷则导致岩体裂隙中的颗粒被洗净,水体浸入岩体。库水浸入裂隙后,对岩体产生软化作用。软化后的岩体,其强度、应力分布特征随之发生明显变化,裂隙尖端发

表 3.1 巫峡段潜在不稳定岸坡段统计

库岸段	岸别	岸坡结构，岩体结构类型	地层岩性，地质构造	变形破坏特征	失稳模式	稳定性状况及受蓄水影响强烈程度
巫峡口-独龙	左	碎裂结构岩体，逆向斜向斜坡	三叠系大冶组（Td^{2-4}），嘉陵江组（Tj^{1-3}），位于横石溪背斜NW翼	各别斜坡中上部岩块发生复合弯曲倾倒变形，下部岩体较破碎，前缘临江处局部出现明显开裂	滑移、倾倒	稳定性差，多数斜坡处于潜在不稳定状态，受库水位影响强烈
独龙-横石溪	右	层状结构岩体，逆向斜向结构岸坡	二叠系及煤系地层位于横石溪背斜NW翼	岩体受大型结构面切割形成危岩块体，块石坠落时有发生，下方堆积岩坪下方斜坡出现跨塌	滑移、倾倒、坠落	手爬岩区域稳定性差，但受库水影响弱；白鹤坪下方斜坡受库水影响和整体失稳中等
横石溪口	左	碎裂结构岩体，逆向斜向结构岸坡	志留系纱帽组顶部砂岩组，泥盆系、二叠系灰岩夹煤系地层	上方M1#危岩出现大型拉裂缝，底部形成塌陷坑，M2#危岩结构面高度发育，岩体结构破碎，时有随块石坠落	倾倒、坠落	M2#危岩体稳定性较差，M1#危岩体稳定性较差，存在孤立危岩崩落和整体失稳的可能性，受库水影响强烈
横石溪-廖家坪	左	下软上硬的特殊结构岸坡，总体呈倾向逆向结构	下部为志留系碎屑岩，上部为二叠系灰岩	坡体多发育孤立危岩，廖家坪危岩坡等危岩变形破坏集中在发生地带	倾倒、滑移、坠落	崩塌、滑塌时有发生，性状况差，受库水影响弱
穿箭峡	左	层状结构岩体，横向结构岸坡	下部三叠系大冶组四段灰岩，上部三叠系嘉陵江组白云岩	发育孤立危岩，箭穿洞大型危岩面拉裂折断	坠落、倾倒	坠石时有发生，特别是箭穿洞涉水危岩体受库水影响，其他高位危岩体受库水影响弱
神女峰-孔明碑	左	层状结构岩体，上部同顺向坡；下部斜向结构岸坡	三叠系嘉陵江组三段（Tj^{2-3}）青灰色薄层含白云质灰岩	孤立危岩为主体，有发生，下部受库水作用形成"递推式"梯坎状地貌	滑移、坠落	稳定性较差，卸荷裂隙控制的小型失稳体为主，受库水影响弱
抱龙河-曲尺滩	右	层状结构岩体，顺向飘向结构岸坡	三叠系嘉陵江组三段（Tj^3）含缝中结核中薄层灰岩，坚硬	局部受结构面切割强烈，岩体破碎，时有块石失稳坠落	坠落、滑移	稳定性较差，存在局部崩塌失稳的可能，受库水影响较弱
培石-黄岩窝	右	缓倾层状结构岩体，横向逆向结构陡峻坡	三叠系嘉陵江组（Tj^3）青灰色中厚层灰岩，坚硬	两组长大贯通裂隙切割把岩体成竖墙状危岩体	倾倒	稳定性较差，存在局部倾倒失稳可能，受库水影响强烈

生应力集中,有些裂隙发生拓展。宏观表现为:岩体结构上局部可见压缩密实、由于受力不同发生的各种变形破坏迹象、局部淘蚀形成洞穴、架空现象等。其演进趋势是:库水作用→岩体软化→裂隙拓展→库水深入→……这一循环是累进性和缓慢的。而化学上的劣化,其具有很强的时间依赖性,其微观元素、化学成分较难以发生变化。总体来看,岩体的劣化是裂隙物理性质的变化引起的岩体强度变化。

在对巫峡典型库岸段岸坡地形地貌特征、岩性组合特征、岸坡结构类型、岩体结构特征分析的基础上,认真梳理总结出由于受库水位周期性波动而受到影响的重点库岸区域,可以预测这些区域在未来的时间段内的变形与破坏。库水波动影响的潜在不稳定区域的圈定,可为地方政府国土规划、防灾减灾、航道安全运营以及后期该区域地质灾害整治工作提供基础资料和技术依据(表 3.1)。

第4章 三峡库区高陡岸坡灾害效应分析

对三峡库区峡谷区域而言，江边山高坡陡，因为地形条件、交通条件、农业耕种条件所限，不适于居住生产，因此峡谷内高陡岸坡的一级斜坡内较少有人居住，大多数居民及建筑物修建于高程相对较高的坡顶平缓地带。巫峡段内除建平乡、望霞乡、青石附近、培石附近有少量居民外，超过99%的库岸段没有人居住。以三峡库区巫峡口—独龙一带区域为例（图4.1），居民点集中在对岸建平乡，高程多在300m以上的平缓地带。巫峡口—独龙一带高陡岸坡岩土体失稳破坏根本不会对对岸这些居民点构成威胁。除望霞乡和建平乡少量危岩体下部存在居民地外，大多数的高陡岸坡上没有居民点。西陵峡、瞿塘峡与巫峡类似，峡谷内居民点非常少，甚至没有居民点。

图4.1 巫峡口—独龙一带高陡岸坡发育及沿岸居民聚居分布

但不是没有居民居住在斜坡上，高陡岸坡的失稳就不会造成人员伤亡或财产损失。它们失稳后，同样也会危害人们生命财产安全，也会造成巨大的社会伤害和经济损失。

4.1 长江三峡高陡岸坡失稳造成的灾害案例

历史上长江三峡就是地质灾害高发区易发区，在该区域发生的滑坡崩塌事件也不鲜见。例如，《水经注》记载："江水历峡，东径新崩滩。此山汉和帝永元十二年崩，晋太元二年又崩。当崩之日，水逆流百余里，涌起数十丈"。近现代，更多的地质灾害被记录和研究。

4.1.1 龚家坊崩塌灾害事件

龚家坊斜坡位于横石溪背斜 NW 翼，在巫峡口一带岩层呈单斜产出。坡体陡峻，山顶高程 750m 左右，相对高差 600m 左右。原始平均坡度为 53°，原始长江水位为 90m。坡体内发育狭窄的冲沟，滑坡体以冲沟外侧的山脊为界，后缘高程为 450m。龚家坊滑坡位于两冲沟之间的突出山梁部分，使得滑体呈现三面临空的形态（图 4.2）。自然斜坡总体呈撮箕状，斜坡方向 161°。斜坡侧缘以两侧季节性冲沟为界，坡角约 30°~40°，中部较陡坡角约 60°~65°，后缘地形坡度约为 40°~45°，坡顶呈略为下凹负地形（图 4.3）。

图 4.2 龚家坊斜坡原始地貌图（摄于 2006 年）

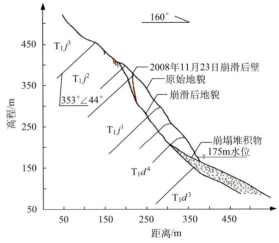

图 4.3 龚家坊斜坡工程地质剖面图

龚家坊斜坡基岩岩层产状 353°∠44°，坡向 160°，为逆斜向结构岸坡坡体。从下至上出露地层岩性如下（图 4.4）。

三叠系大冶组三段（T_1d^3）：薄层-极薄层灰岩夹泥灰岩，出露在滑体的下部；

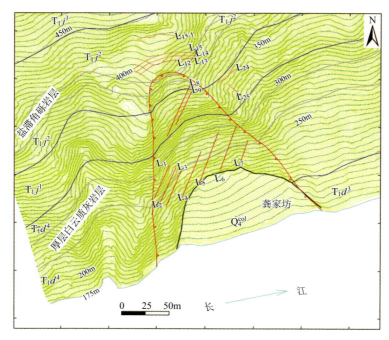

图 4.4　龚家坊斜坡工程地质图（2010 年 10 月三维激光扫描仪测）

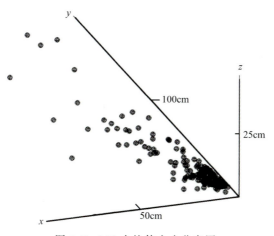

图 4.5　176 个块体大小分布图

三叠系大冶组四段（T_1d^4）：厚层白云质灰岩、中层灰岩、泥灰岩。出露于 250m 高程之上。中部的厚层白云质灰岩为明显标志层。

三叠系嘉陵江组（T_1j^1）：薄层白云质灰岩及灰岩，偶夹泥灰岩，出露于崩塌体上部。

三叠系嘉陵江组（T_1j^2）：盐溶角砾岩，孔隙及岩溶现象较多。出露于崩塌体的顶部。

三叠系嘉陵江组（T_1j^3）：中薄层白云质灰岩，出露在斜坡山顶，崩塌体后缘。

2008年11月23日崩塌发生后，出露的新鲜面呈近等腰梯形。通过对滑坡部分全站仪测量，上部宽45m，水面处宽194m，上游腰长267m，下游腰长272m，高差210m。坡度上部64°，下部44°。经过前后地形对比计算，滑动方向为160°，面积有25178m^2，平均厚度为15m，体积有380000m^3。崩塌后，在225m高程以下自然堆积成坡度为30°的倒石堆。在崩塌堆积区随机挑选一个2m×2m的区域进行了块体大小统计，该测量区域内没有过大或过小的块石堆积。共测量176个块体，80%的块体大小区间落在（20±5cm，8±4cm，3±2cm）范围内（图4.5、图4.6）。因此，测量区内的中值块度在25cm左右。$D50=25cm$也基本代表了崩塌堆积物粒径的平均数。

图4.6 龚家坊崩塌区照片

龚家坊崩塌发生后，对龚家坊斜坡内部的大型结构面进行了测量。测量发现斜坡体内部发育有大型结构面11条（图4.7）。每条大型结构面的形状描述如下。

L1：可见长约17m，平直、粗糙，闭合，向内延伸，产状：210°∠40°。

L2：可见长约25m，平直、粗糙，闭合，向内延伸，产状：210°∠47°。

图 4.7　龚家坊斜坡内部大型结构面（摄于 2010 年 6 月）

L3：可见长约 17m，折线、粗糙，可见缝宽 3～5cm，向内延伸，产状：195°∠50°。

L4：可见长约 22m，折线、粗糙，可见缝宽 8～10cm，向内延伸，产状：195°∠49°。

L5：可见长约 25m，平直、粗糙，可见缝宽 10～15cm，向内延伸，产状：194°∠47°。

L6：可见长约 17m，折线、粗糙，可见缝宽 5～10cm，向内延伸，产状：205°∠50°。

L7：可见长约 27m，呈弧形、粗糙，向内延伸，深的不可见，产状：215°∠55°。

L8：可见长约 20m，呈弧形、粗糙，可见缝宽 3～5cm，向内延伸，产状：220°∠45°。

L9：长约 16m，呈弧形、粗糙，可见缝宽 5～10cm，向内延伸，产状：215°∠44°。

L10：可见长约 36m，折线、粗糙，向内延伸，深的不可见，产状：203°∠50°。

L11：可见长约 24m，折线、粗糙，向内延伸，深的不可见，产状：195°∠49°。

崩塌发生后，2010年10月调查时其后缘发现有5条大型拉裂缝，其特征描述如下。

L12：可见长约39.5m，宽0.3～0.5m，可见深度5m，裂缝走向55°～67°，呈弧形。

L13：可见长约62m，宽0.1～0.3m，可见深度2.8m，裂缝走向50°～70°，呈弧形。

L14：可见长约68m，宽0.3～0.5m，可见深度5m，裂缝走向55°～80°，呈弧形。

L15：可见长约70m，宽0.1～0.3m，可见深度2m，下座1m，裂缝走向55°～67°，呈弧形。

L15-1：长约22m，宽0.2～0.3m，可见深度1m，下座0.9m，裂缝走向110°～210°，呈弧形。

从这些大型结构面的发育调查中可以发现，厚层岩体结构面小型节理发育少，以长大型为主，大型结构面间距为7.7m，平均迹长为20.5m（图4.8、图4.9）。厚层岩体多为沿大型结构面间的岩桥进行剪断或拉断破坏。中层中倾角平行结构面间距平均为11m，平均迹长为24m。中薄层岩体结构面以小型节理为主，有的相错相交，有的连续相交。大型结构面多为后期追踪形成。

另外，崩塌体新鲜面上没有发现统一破坏面，崩塌面完全是沿各结构面拉断或剪断延伸形成的破坏面。

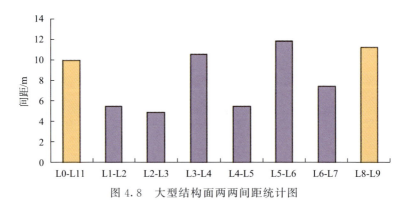

图4.8 大型结构面两两间距统计图

由于龚家坊斜坡由中薄层岩体组成为主，因此中薄层内的大型结构面发育极其重要。以坡脚处的L11裂隙（图4.10）为例，重点进行调查观测。L11裂缝是由层间的小型结构面追踪形成，它不是一个面，其实是有一定张开度或厚度的裂隙体。仔细观察L11，它是无数个小节理裂隙呈台阶状延伸形成的，这些裂隙有的穿过若干岩层，有的仅穿过一层后即以层面接另一层的小型节理裂隙。L11

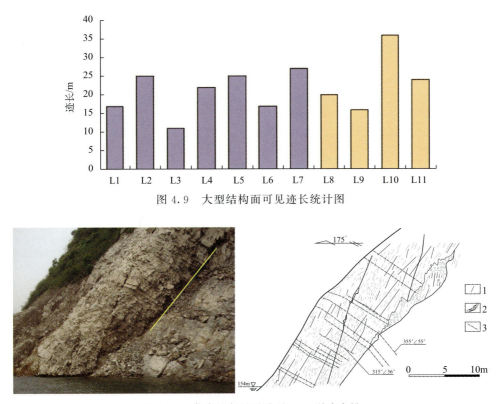

图 4.9 大型结构面可见迹长统计图

图 4.10 龚家坊斜坡坡脚处 L11 裂隙素描
1. 节理裂隙；2. 随块石填充；3. 岩层产状

位于破碎岩体之间，局部有填充，应是拉剪应力状态下形成的。这一状态说明可能先有小型的结构面，后期大型结构面才在此基础上发展而来。

斜坡内部的小型结构面十分发育，对龚家坊斜坡进行了结构面测量，79 条结构面显示了两组优势结构面（图 4.11、图 4.12）。一组大致平行于坡面（a 组），产状：125°～135°∠45°～60°，平均迹长 0.3m。一组大致垂直于坡面（b 组），产状：245°～255°∠60°～65°或反倾向的 55°～65°∠60°～70°，平均迹长 1.5m。两组结构面中（特别是短小结构面）的断裂面，一部分为平直的，一部分明显为起伏的。表明结构面中有早期的构造结构面，也存在后期变形中产生的拉张破裂面。两组结构面和层面相互交切，总体上形成了 12 cm×10 cm×6 cm 块体，斜坡由大小不同的块体相砌而成，岩体结构为碎裂状岩体。

结构面发育密度因岩层厚度不同而不同，层厚约 10m 的白云质灰岩（T_1j^1）的节理密度约 5～10m/条；但大冶组三段的薄层泥灰岩（T_1d^3）中的节理密度为 0.05m/条。大型结构面（长度大于 20m 的结构面）在坡体内部的发育程度 a

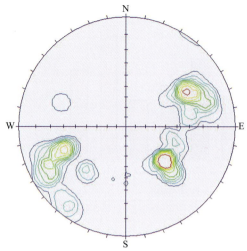

图 4.11　上半球法结构面等密度图　　　图 4.12　结构面测量

组的大于 b 组的。

不同方位的结构面测量也显示，斜坡表面（坡面）的裂隙出露率明显低于冲沟侧（纵向方向）露头的出露率。因此突出山体的斜坡表面上看起来比坡体内部的岩石完整度高很多，这使得该崩塌具有很强的隐蔽性。

十分值得注意的是，由于测量区多分布在变形岩体中，冲沟内微风化岩体节理、裂隙发育较少；因此，所测结构面尤其是平行坡面的结构面并不是最初的优势结构面方向，而是变形后的优势结构面方向。

龚家坊斜坡失稳破坏是从前缘开始的，整个滑面贯通是两侧缘裂隙同时向后缘延伸形成的。这一过程中不仅伴随着巨大的声音，而且两侧和前缘不断有物质滚落水中。在录像 1.96″时后缘出现黄白色的岩石面（它是新暴露出来的岩石面），标志着总体上破坏面的贯通（图 4.13）。

从破坏面贯通后各个时段来看（图 4.13），崩塌体在运动中有破碎撕裂的现象，崩塌体不是刚性的，而是不断变形的。岩土体的运动特征一般取其质心进行计算分析。但由于三维变形滑体的质心很难根据照片进行判断，因此本文利用崩塌体的总体后缘作为标志点来估算其整体性的运动。假定在某个很小的时段内其加速度为一致的，在已知滑动时间和滑动距离的情况下，滑体下滑速度可以根据普通物理学运动定律来估算。

$$\overline{V_{i+1}} = \frac{h_{i+1} - h_i}{t \sin\alpha} \qquad (4.1)$$

$$V_{i+1} = 2\overline{V_{i+1}} - V_i \qquad (4.2)$$

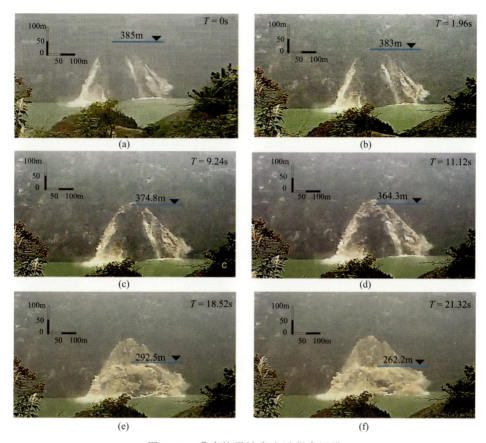

图 4.13 龚家坊滑坡发生过程全记录

$$a = \frac{V_{i+1} - V_i}{t} \qquad (4.3)$$

式中，i 表示时段，$i+1$ 表示下个时段，t 为两个时段的时间间隔，h_i 表示 i 时段后缘点运动的垂直高度，α 表示破坏面斜坡的坡角，$\overline{V_{i+1}}$ 为 i 至 $i+1$ 时段平均速度，V_{i+1} 为 $i+1$ 时间的即时速度，a 为 t 时间间隔内的平均加速度。

通过式（4.1）～式（4.3）的公式计算，得到了崩滑体在入水过程中的速度和加速度变化曲线。图 4.14 显示崩滑体启动时很慢，但在 9″左右开始加速。当时间为 18.52″时，水面上崩滑体约 1/2 滑入水中，这时崩滑体的速度最大，为 11.65m/s。然后速度开始缓慢下降，在 31.4″后崩滑体完全淹没入水中，此时的速度为 7.8m/s。从图 4.15 的加速度图可以看出，崩滑体的受力很不一致，总体上在 18.52″之前为加速度，之后为减速度。加速度在启动时基本为 0，然后开始增加。在 11.12″时达到最大，为 2.23m/s²。然后加速度开始减少，逐渐变成减

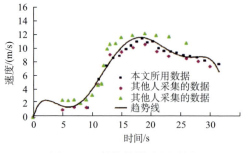
图 4.14　估算的滑速历时图

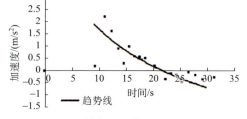
图 4.15　估算的滑体加速度历时图

速度。

图 4.14 和图 4.15 综合来看，他们反映出崩塌体在开始阶段存在局部锁固段，因此速度和加速度均非常小。当局部锁固段拉张或拉剪破坏后，崩滑体开始加速运动，并出现最大的加速度值。但由于入水的部分不断增加，水阻力不断增加，水的浮托力增加，有效重力减少，造成速度变大的同时，加速度又开始变小。当水面上滑体约 1/2 滑体入水后，速度达到最大；然后水中的阻力开始大于下滑力，速度开始减缓。

滑体在入水过程中，形成了大量的粉尘。在运动气流的作用下，笼罩在入水河面附近，并逐渐向对岸扩散，阻碍了对涌浪形成及传播的观测。在 37″时开始有波浪突破粉尘包围圈，可见部分涌浪的发展和传播（图 4.16）。对能捕捉到的涌浪进行了有限的波浪特征分析。

根据比例尺换算了捕捉到的波高的历时变化情况，见图 4.17。河面上点的运动是三维的，而且无地物标志进行参照，无法做到对某个点定位进行分析。但是跟踪最大波峰的推进，根据 i 至 $i+1$ 时间段内最大波峰的传播距离，粗略地估算了时段内波的总体平均传播速度（图 4.18）。图 4.17 表明在 49.6″时最大的浪高 31.8m，在 53″传播 82m 后浪高已下降至 15.2m，因此近场区平均衰减率达 4.88m/s。图 4.18 显示近场区最初传播速度为 18.36m/s，波浪的传播速度受微地貌影响，但总体上波速逐渐变小。

2008 年 11 月 24 日对龚家坊滑坡涌浪的沿岸爬高进行了调查。调查结果显示涌浪的爬高为中心总体向两侧递减，越靠近中心区，递减速率越大。龚家坊北岸上游 300 多米处产生涌浪爬高 13.1m，在距崩塌体上游 5km 的巫山码头产生 1.1m 爬高浪，波浪来回波动近半小时才停止。在其下游 6km 横石溪水泥厂处涌浪爬高 2.1m（图 4.19）。涌浪造成沿岸航标灯塔和其他设施受到不同程度损毁，停靠在码头的多条船只缆绳拉断，多条大型旅游船只船底受损，直接经济损失达 500 万元。

第4章 三峡库区高陡岸坡灾害效应分析

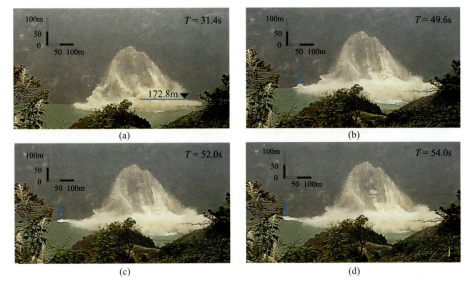

图 4.16 涌浪产生过程图

图 4.17 捕捉到的历时最大波高图

图 4.18 估算捕捉到的波速

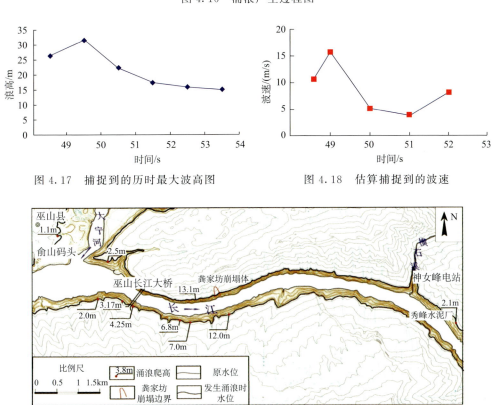

图 4.19 2008年11月23日龚家坊涌浪爬高情况

4.1.2 新滩滑坡灾害事件

新滩滑坡位于湖北省秭归县境内的新滩镇北,为一多期活动的典型堆积层滑坡(图 4.20)。该滑坡与链子崖危岩体隔江对峙,紧扼川江航道的咽喉。新滩滑坡平面形态呈近南北向展布的牛角形,南北长 1900m,东西宽 210~710m,滑坡面积为 1.2km²,体积约 3000×10⁴m³,前缘入江土石 260×10⁴m³。滑坡后缘及西侧边界为泥盆系—二叠系砂岩、石灰岩组成的基岩陡壁,东侧边界为切割于崩坡积层中的裂隙面;堆积物厚一般为 30~40m,自东向西增厚,姜家坡西侧至高家岭一带厚 80m,最厚达 110m。堆积物以崩(坡)积碎块石夹黏土为主,下伏基岩面为志留系砂、页岩,形态比较复杂。

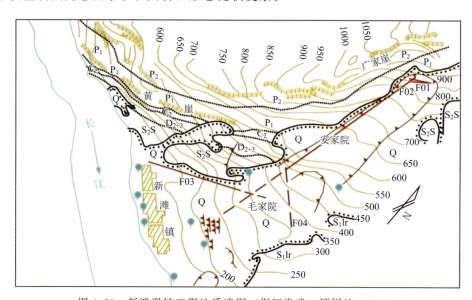

图 4.20 新滩滑坡工程地质略图(据汪发武、谭周地,1990)

1985 年 6 月 12 日凌晨,由于湖北省西陵峡岩崩调查工作处等单位对该滑坡进行了 10 余年调查研究和动态监测,较准确地做出了临滑警报,当地政府及时组织群众撤离险区,致使滑坡区内居民 457 户共计 1371 人的新滩镇竟无一人伤亡。强烈的涌浪在新滩镇上下游共约 10km 长江面上击毁、击沉木船 64 只、小型机动船 13 艘,船员 10 人遇难。

受到当时涌浪学科的发展状况,在新滩滑坡发生后,其涌浪灾害的研究较少。根据刘世凯等学者对新滩滑坡发生后第一时间进行的调查资料以及后期计算研究成果表明:新滩滑坡发生时滑速约 31m/s 的高速下滑土石毁灭了具有千年历史的古镇新滩(图 4.21)。滑入长江的土石,在对岸激起的涌浪高达 54m,波

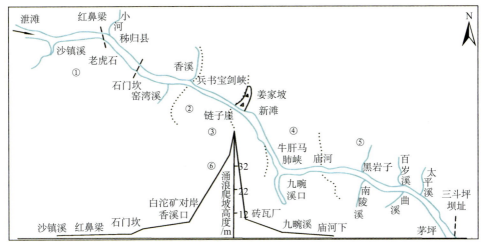

图 4.21 新滩滑坡形成的涌浪图（刘世凯，1987）

及上、下游江面约 42km，形成高出江水面的碍航滑舌，长江因此中断航运 12 天。

目前国内外对新滩滑坡的研究已十分深入，从大量公开发表的资料来看，研究领域包括其形成机制、变形破坏机理、运动特征研究、动力学研究、力学性质研究、室内试验研究、稳定性研究、位移变形监测、预测预报研究、影响因素、数值模拟计算以及涌浪灾害研究。

目前该滑坡已进行了综合整治，上部开有小型采石场、小片农作物种植区，中部多为灌木林地，下部主要以柑橘梯田和小型家禽养殖场为主（图 4.22）。

4.1.3 千将坪滑坡灾害事件

千将坪滑坡位于三峡库区支流青干河右岸，其对岸为湖北省秭归县沙镇溪镇，该滑坡距离青干河入长江口 3km，距离三峡大坝约 50km（直线距离约 40km）（图 4.23）。千将坪斜坡为顺向坡，坡度 13°～35°，千将坪斜坡对岸为逆向陡崖，平均坡度 75°，河谷呈明显不对称"V"型。未蓄水前，滑坡区青干河河谷宽度为 50～80m，河床高程下降较快。

滑坡位于长江南岸支流青干河左岸千将坪村向 ES 倾斜的斜坡上，斜坡坡度自上而下为 35°～15°，接近河边地带又变陡。滑坡发育在上三叠统沙镇溪组泥质粉砂岩中，岩层倾向与斜坡坡向一致，上陡下缓，倾角 35°～19°，构成顺向坡。滑坡向青干河滑动，剪（滑）出口在河底附近，高程约 100m 左右。后缘高程约 450m，前后缘高差 350 余米。滑坡整体滑动后，后缘形成明显的岩层面滑壁，两侧形成高陡的剪切型滑壁。滑前前缘高程 94.7m，滑后前缘高程

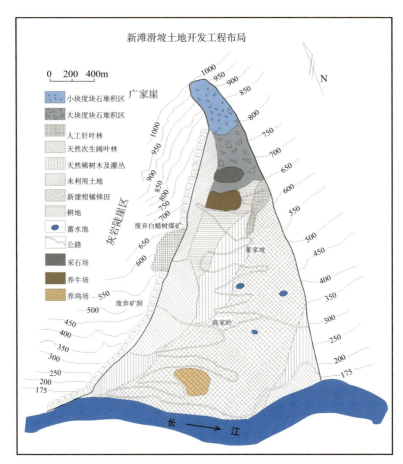

图 4.22　新滩滑坡土地利用现状（林晓等，2007）

图 4.23　千将坪滑坡遥感影像图

170m 左右（反翘顶部），前缘宽 600m（包括影响区在内宽 800m），后缘高程 350～405m，后缘宽 380m，纵向长 1150m，包括影响区在内总面积约 68 万 m^2，按平均厚度 30m 计算，体积 2400 万 m^3。根据滑坡前缘入水宽度（约 600m）与 135m 以下青干河河谷断面平均面积（$4000m^2$）推算，滑坡入水方量约 240 万 m^3，约占滑坡总体积的 1/9～1/8。滑坡上部为厚 5～10 余米的残坡积黏土夹碎石，下部为碎裂岩体。滑坡大规模滑动前，滑体后部先出现横向裂缝，前缘出现纵张裂缝。目前滑体中裂缝纵横，前部仍见有横向条状隆起带（图 4.24）。滑坡周边还形成不同程度的牵引变形区（带）。位于滑动区 EN 侧的牵引变形区最大，宽 200～300m，后缘边界高程 370～420m，总体呈 NWW 向展布。区内裂缝发育，走向以 NWW—EW 为主，缝宽 30～50cm，沿裂缝下座 60～80cm。初步估测滑坡水平位移 200 多米，垂直落差 100 余米。滑坡前缘仰冲至青干河对岸，堵塞青干河，形成"堆石坝"（图 4.25）。该坝顶高程 149～178m，坝顶保留有河床砂砾石堆积。

图 4.24 千将坪滑坡全貌（摄于 2003 年 7 月 15 日）

千将坪滑坡的剪出口为 95～111m（罗先启等，2005），滑带为区域层间剪切带演变而成（李守定等；2008；张业明等，2004）。滑带为黑色黏土和黄色黏土等泥化夹层组成（Wang et al.，2008），有明显磨光现象。针对两层滑带黏土的环剪试验（Ring shear tests）研究表明：在滑坡启动初期，滑体沿黄色黏土层发生滑动。当运动速度和剪切形变达到一定程度后，黄色黏土的阻滑力大于黑色黏土的阻滑力，滑体改为沿黑色黏土层下滑。当沿黑色黏土下滑时，由于阻滑力的大幅下降，高速滑动开始发生（Wang et al.，2008）。同时，高速运动后，千将坪滑坡滑体保持较好的完整度，这表明剪切变形大量发生在滑带中，滑坡体属于高速整体滑行而非高速流动（吴剑等，2007）。

滑坡造成滑坡体上 13 人死亡，以及该斜坡上年产值 7000 万～8000 万元、税收 300 万～400 万元的沙镇溪镇金属硅厂、页岩砖厂、装卸运输公司、建筑公

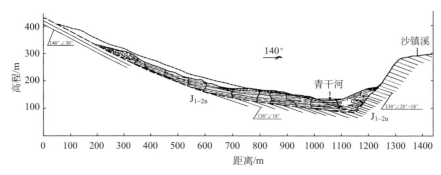

图 4.25　千将坪滑坡地质剖面图

司四家企业毁于一旦。据当地政府统计，千将坪村二、四组村民 129 户房屋被毁，连同被毁企业职工共 1200 人无家可归。334 省道宜（昌）—巴（东）公路长 2.2km 的路段被毁，交通中断。

图 4.26　千将坪滑坡涌浪造成的树木损毁痕迹照片

滑坡体快速入水后，巨大的涌浪和爬坡浪对沙镇溪镇镇址下部造成较大的冲击，数条停泊在码头的渔船被毁，山林植被局部破坏。图 4.26 展示了滑坡对岸植被被流水冲刷后的痕迹。根据两岸植被被流水冲刷痕迹的最大高度量测，滑坡体处涌浪高度为 39m；下游 1.2km 处的青干河大桥附近涌浪高度 7.4m；下游 1.6km 处的锣鼓洞河口涌浪高度 6m，在该河口的锣鼓洞口上游 1km 处仍有渔船被翻覆（李会中等，2006）。涌浪共造成 22 艘渔船翻沉，11 名船上渔民失踪。

千将坪滑坡堵江并形成高程至149～178m的坝体。7月16日晚，滑坡堆石坝上下游水位落差达5.5m。为防止溃坝造成更大的次生灾害，实施了人工爆破将其疏通。

4.1.4 昭君大桥崩塌灾害事件

昭君大桥崩塌位于中国三峡库区香溪河支流，崩塌体位于香溪河与深渡河的分叉处。昭君大桥跨两条河流，大桥中间桥墩位于山嘴上，崩塌体在深渡河河口北侧（图4.27）。

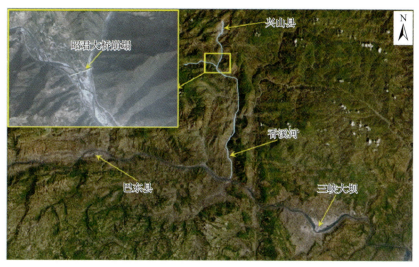

图4.27 昭君大桥崩塌位置图

2012年12月28日上午10点左右，三峡水库水位约为175m，三峡库区支流香溪河昭君大桥旁侧山体崩塌。昭君桥崩滑体位于深渡河河口西侧，距昭君桥水平距离约57.5m。昭君桥桥面走向86.5°，距175m水面高差约14.1m。崩滑体后缘厚度较薄，向下逐渐增厚，形态上大致呈长的斜三棱锥状。危岩体崖顶高程221.5m，基部高程184.4m，崩滑体高约36.9m，中下部横宽约32.2m，最厚处约13m，体积约0.6万 m^3。崩滑体重心高程约190m。崩滑体滑床不平滑，呈凹凸状，整体产状约139°∠64°。在主滑方向上，崩滑体前缘距大桥水平距离约55.7m（图4.28）。出露地层为下三叠统嘉陵江组四段（T_1j^4），岩性为浅灰色厚层夹薄层白云岩、含泥质白云质灰岩夹多层盐溶角砾岩，中上部夹角砾状灰岩，岩层产状为230°∠54°。岩层发育有三组节理裂隙，产状分别为139°∠64°、195°∠40°、45°∠75°，岩层裂隙较发育。

据当地居民反映，崩滑体发生整体滑动，滑体在运动过程中解体，崩滑体入

图 4.28 昭君大桥崩塌全景

水后形成的水舌越过桥面约 2m 左右。一辆客车受到冲击,在桥上被横向推动了约 1m。同时,两名行人在桥上为涌浪夹裹飞石所伤。涌浪传播至对岸的爬高为 3.4~5.2m,涌浪袭击了对岸的部分农田及桥面上的商贩摊位,给当地居民造成了一定的经济损失。

4.2 高陡岸坡成灾模式分析

上述典型崩滑体灾害伤亡和损失统计表可见表 4.1。即便是滑坡上有大量居民（新滩滑坡和千将坪滑坡）,因为成功的地质灾害预警,大部分居民都可以安全撤离,伤亡较少。但由于事发突然且没有涌浪预警,大面积水域航道受到影响,并发生了与陆地相当甚至超过陆地上的人员伤亡数量。在损失方面,滑坡运动区域被完全破坏,滑体外形成的涌浪也影响了很长距离,入江岩土体（形成的堰塞坝）恶化了航道,并造成了相当的经济损失。而典型的高陡岸坡失稳（如龚家坊崩塌和昭君大桥崩塌）,崩滑体上既无人员伤亡也无财产损失。在崩塌体外,形成的涌浪却造成了极大的破坏和财产损失,并可能造成人员伤亡。例如位于意大利 Piave 峡谷的 Vajont 滑坡,在滑坡本体上没有伤亡,但形成了高于 Vajont 大坝近 100m 的水墙,这些水体宣泄而下,摧毁了下游的 Longarone, Pirago, Vivalta 和 Fae 等村镇,造成 1925 人遇难。这次滑坡涌浪造成了约 200×10^6 美元的经济损失（Giovanni and Paolo, 2013）。

从上述灾难发生地和发生原因来看,高陡岸坡失稳后主要致灾区域不在崩滑体本体上,而在河道及沿河区域;致灾的原因不是崩塌或滑坡,而是崩塌滑坡形成涌浪造成的。

表 4.1 部分崩滑体伤亡及损失情况统计表

崩滑体名称	滑体上伤亡	滑体外伤亡	滑体上损失	滑体外损失	滑体外伤亡及损失原因
新滩滑坡	0	10人死,8人伤,2人失踪	新滩镇被摧毁	对岸两层石砌仓库、发电房及柑橘树卷入江中。形成碍航滑舌,长江断航12天。涌浪波及42km江面,击毁、击沉木船64只,小型机动船13艘	堰塞航道、形成巨大涌浪
千将坪滑坡	13人死	13人失踪,22艘船翻沉	沙镇溪镇金属硅厂、页岩砖厂、装卸运输公司、建筑公司四家企业被毁,129户房屋被毁,334省道宜(昌)—巴(东)公路长2.2km的路段被毁,交通中断	千将坪滑坡堵江并形成高程达149~178m的坝体,形成涌浪共造成3km内22艘渔船翻沉	滑坡堵江、形成巨大涌浪
龚家坊滑坡	0	0	0	涌浪造成13km沿岸航标灯塔和其他设施受到不同程度损毁,停靠在码头的多条船只缆绳拉断,多条大型旅游船只船底受损,直接经济损失达500万元	崩塌形成涌浪
昭君大桥崩塌	0	2人伤	0	袭击桥体,造成桥面上摊位经济损失	崩塌形成涌浪

从大量崩滑地质灾害历史表明,涉水地质灾害体破坏失稳后都具有不同程度的静态、动态致灾效应(王育林等,1994)。涉水地质灾害具有强大的破坏性,对其表面承载物造成巨大毁坏,如生活在上面的居民、建筑物、植被、社会公共设施等,直接给城镇、企业、居民带来灾难,同时可能形成涌浪或堵塞航道、形成堰塞湖,严重影响到航道的正常安全运营和沿岸基础设施与人民生命财产安全。

三峡水库干流河面宽度最窄处都有近450m宽,滑坡崩塌堰塞现今河道的可能性较小,支流产生堰塞的可能性依旧存在。高陡岸坡失稳后产生的涌浪灾害效应具有巨大危害性,可能对其波及水域的一切造成即时性危害;波浪传播至坝址时,也会对水工建筑物造成损毁。

综上所述,三峡库区高陡岸坡失稳的成灾模式可以总结为以下两个模式:

①高陡岸坡失稳，形成涌浪，涌浪对长距离大范围水域内船只及沿岸人员设施造成危害。②支流高陡岸坡失稳，形成涌浪，同时形成堰塞坝，水位抬升，自然溃坝，则形成第二次涌浪，危害涌浪作用范围内的人员及设施。干流高陡岸坡的成灾模式多为第一类，支流的成灾模式则多为第一、二类的复合（图4.29）。两类模式的成灾手段均为涌浪。三峡库区崩滑体产生涌浪主要的威胁对象为长江航道、沿岸基础设施以及沿岸生产生活的居民。

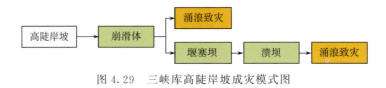

图4.29　三峡库高陡岸坡成灾模式图

4.3　高陡岸坡涌浪致灾的类型分析

崩滑体造成水库或湖泊涌浪按照崩滑体与水面的相对位置可分为三种类型：水上崩滑体造成的涌浪、部分入水崩滑体造成的涌浪及水下崩滑体造成的涌浪（图4.30）。三峡库区大量产生涌浪的类型为部分入水的崩滑体，本次研究的类型主要为部分入水的崩滑体（涉水崩滑体）产生涌浪。

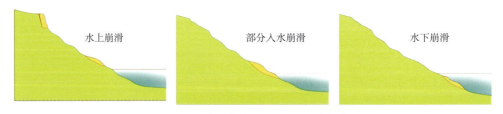

图4.30　崩滑体产生涌浪的三种方式

根据三峡库区可能产生涌浪灾害的地质灾害情况，可将涉水崩滑体产生涌浪的类型分为以下四种：深水区厚层—巨厚层块体倾倒或滑动产生涌浪（4.31a）、深水区碎裂岩体崩塌产生涌浪（4.31b）、浅水区顺层滑坡产生涌浪（4.31c）、浅水区堆积层滑坡产生涌浪（图4.31d）。

这些涌浪类型明显存在许多差异性。这些差异性重点体现在以下几个方面：①入水点的空间位置不同。例如，倾倒、滑动、坠落崩塌这些方式入水时，入水点有明显的区别。入水点不同，形成的原始涌浪形态就有差异。从岸边激发的涌浪为新月形，而从离岸较远处激发的涌浪呈环形或山包形。②动力差异导致形成的涌浪高度有差异。例如，其他条件一致时，堆积体、顺层滑体、碎裂岩体和块状岩体入水形成的涌浪效应有差异。根据相关研究，碎裂岩体和块状岩体涌浪高度相差10%~30%左右。③水波类型的差异。不同岩土体不同的冲击方式和不同的水深条件下，形成的涌浪波类型不同，有的形成孤立波，有的形成椭圆余弦波。不同波型其传播衰减有差异。④传播路径差异。当滑坡堰塞或堵江后，河道地形发生变化，涌浪的传播路径发生改变。特别是堵江后，河道被截断，涌浪从滑坡堵江处分别传播，上下游间无水力联系。

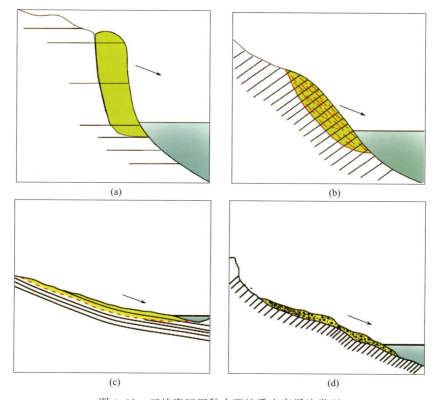

图4.31 三峡库区四种主要地质灾害涌浪类型

同时，这四种主要的涌浪类型有工程地质原型来源。巫山龚家坊崩滑体涌浪属于碎裂岩体崩滑涌浪类型，巫山箭穿洞危岩体将产生的涌浪属于块状岩体崩滑涌浪类型（图4.31a），秭归新滩滑坡产生的涌浪属于土质滑坡涌浪，秭归千将坪滑坡产生的涌浪属于顺层岩质滑坡涌浪类型（图4.31c）。

第 5 章　龚家坊残留危岩体爆破涌浪现场监测

由于岩土体失稳具有突发性和短暂性，对岩土体运动及其引起的水体运动较少有野外观测资料可查阅。目前滑坡涌浪的野外资料多为事后的爬坡调查资料、目击者的估计和照片。例如，1958 年 Lituya Bay 滑坡造成的爬高痕迹，2008 年龚家坊崩塌及涌浪现场影像。涌浪波过程的记录资料，较之爬高调查资料就更少了。1992 年 4 月 10 日，位于 Switzerland 的 LAKE URI 上，一个 16000m³ 的危岩体人工爆破清除。Müller 和 Schurter (1993)、Müller (1994) 采用一个压力计 (Pressure cell) 在 1350m 处对其落入湖中产生的涌浪进行了监测，绘制了该处的波浪过程线。Walter (2006) 展示了 NASA 利用 Altimetry Satellite 追踪 Indian Ocean Sumatra Tsunami 中海洋某点的波浪过程线。Levin 和 Nosov (2009) 展示了黑海某点的杀人波过程线。因为野外观测的水波过程较少，研究人员转向以物理试验、数值模拟的方法再现涌浪波过程 (Davidson and McCartney，1975；Ataie and Malek，2008；Ataie and Yavari，2011；Murty et al.，2007)，利用物理或数值试验来研究涌浪波现象和规律 (Mohammed and Fritz，2012；Najafi and Ataie，2012；Zweifel et al.，2007；Fritz et al.，2004；Nirupama et al.，2005，2006)。因此，野外观测的波浪过程对涌浪研究具有极其重要的作用。

2008 年 11 月 23 日龚家坊发生大规模的滑塌后，后缘残留部分危岩体。2010 年年底重庆市国土资源局对其采取清除措施。武汉地质调查中心对清除危岩滚入长江形成的涌浪进行了监测。本文展示了 2011 年 1 月 17 日爆破碎屑流产生涌浪的野外监测方法、涌浪过程和涌浪波分析，为内陆地区滑坡涌浪野外快速监测提供简易方法，为其他研究者提供野外观测的涌浪波资料。

5.1　三峡库区龚家坊残留危岩体概况

2008 年 11 月 23 日龚家坊斜坡发生破坏，$38×10^4 m^3$ 的岩体以约 12m/s 的最大速度滑入长江，造成约 31.8m 的涌浪，最大爬坡浪为 13m，涌浪传递至巫山县城仍有 1~2m。该次涌浪造成直接经济损失 8000 万人民币。2009 年 5 月 18 日，该危岩再次发生崩塌，规模 $1.5×10^4 m^3$，形成 5m 高涌浪，造成直接经济损失 600 万人民币。

多次崩塌发生后，后缘山体在三维形态上呈鹰嘴状突兀，平面上呈月牙形 (图 5.1)，其宽 40~70m，纵向长 100~180m，地形坡角总体较陡，前部坡角

70°，中部地形坡度43°，后部呈略微凹陷的地形。

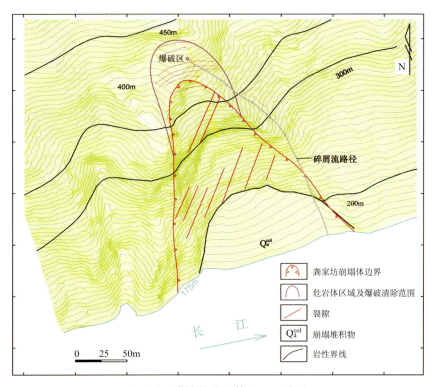

图5.1　龚家坊残留体工程地质图

调查发现，崩塌后缘山体50m左右范围（高程400～435m）发育有6条大型拉张裂缝，最上部的裂缝高程为432m。通过2008年11月至2010年10月多次调查发现，第一次崩塌后形成临空面，顶部仅产生早期微小羽状卸荷裂缝。早期的羽状卸荷裂缝宽度和延伸长度逐渐加大，形成了L1。在卸荷作用及外部影响因素下顶部L1逐渐加大，内侧岩体局部拉裂下座形成L2，随着后部岩土体应力的改变先后形成了L3、L4、L5、L6（从后缘开始平行发展）。2009年10月调查时L1～L6的裂隙情况如下。

L1：长39.5m，宽0.3～0.5m，可见深度5m，下座0.3m，走向55°～67°，弧形。

L2：长62m，宽0.1～0.3m，可见深度2.8m，下座0.7m，走向50°～70°，弧形。

L3：长68m，宽0.3～0.5m，可见深度5m，下座0.5m，走向55°～80°，弧形。

L4：长 70m，宽 0.5～0.7m，可见深度 2m，下座 1m，走向 55°～67°，弧形。

L5：长 22m，宽 0.2～0.3m，可见深度 1m，下座 0.1m，走向 50°～70°，弧形。

L6：长 50m，宽 0.1～0.3m，走向 55°～67°，为断续新鲜裂缝。

2008 年 11 月至 2010 年 10 月多次调查对比发现，后缘岩体处于变形阶段，裂隙张开度 L1～L4 均有增大的趋势。2010 年 10 月调查时发现，由于上覆土体的滑塌，裂缝被土或碎块石充填，可见深度发生了变化，比 2009 年 9 月调查时可见深度变小，土体的滑塌移动也证明了整个后缘残留体目前正处于变形过程中。根据监测数据表明，平面位移趋势量最大为 61.1mm，沉降位移趋势量最大为 −26.4mm，平面位移方向 160°～190°。在西北侧陡崖带，2010 年 8 月 13 日 17 点 30 分左右约 10 余立方米的块体坠落入长江。种种迹象均表明，龚家坊残留危岩体处于不稳定状态。

根据微地貌和裂缝分布情况，估计龚家坊残留危岩体 $11.38 \times 10^4 m^3$，拥有重力势能 $8.13 \times 10^8 kJ$（145m 水位）、$7.28 \times 10^8 kJ$（175m 水位）。龚家坊残留危岩体失稳将形成较大涌浪灾害，对长江航道、沿岸生活带和经济带造成严重威胁。针对这一严重势态，重庆市国土资源局与房屋管理局决定采取先爆破清除危岩再以人工清方的方式进行处理。作者利用此次爆破清方，探索了水库河道涌浪原位监测的应急方法，并进行了相应的涌浪分析。

5.2 龚家坊残留体涌浪简易监测方法

基于安全的考虑，龚家坊残留体爆破清危会进行短时长江限航。每次爆破前后，在长江巫山段进行约 2 小时封航，其他时间船只按航标正常通行。因此涌浪原位监测仪器的安装设置要在短时间内完成，并能及时回收数据；同时，爆破时，观测人员要处于安全地带，波浪捕捉仪器要远程运作。

进行涌浪监测最适合的仪器莫过于海浪自动监测浮标。但海浪自动监测浮标需要铁链进行抛锚固定，不利于短时安装和短时回收，且造价昂贵，属于常规的监测方法。通过大量拟定涌浪原位观测方案的遴选，作者和合作者选择了以高频水位计和高清摄像机为主要设备的应急简易观测方案。该方案经济且便于及时实施，其精度也能满足观测要求。

高频水位计选用了瑞士 KELLER DCX-22 自容压力水位计，可在水下 50m 进行工作。采集数据频率为 1Hz，精度为 $-0.062\% \sim 0.023\% FS$。由于涌浪的周期一般为十几秒至数十秒，1Hz 的采样频率足以显示波浪的形态。该水位计可设定延时采集数据并进行数据存储，高存储容量、高电池容量满足远程监测涌浪的需要。一般用于长期监测浅水海浪、潮位和地下水。

KELLER DCX-22 的推荐安装方式为固定于河床上。如图 5.2 所示,在河床下嵌入一水泥墩,钢结构固定于水泥墩上,水位计固定于钢结构上。三峡水库蓄水后,水深达到 100m 以上,因此推荐安装方式较难实施。作者及合作者采用了方案 B 用以替代推荐方案。利用岩块沉入江底,利用漂浮物的浮力拉直漂浮物与岩块连接的绳索,将水位计固定在水下的绳索上。这一方案参考了海浪自动监测浮标的做法,但水位计在波浪作用下可能会偏离小角度或以小角度圆锥的方式进行运动。每次爆破前 1 小时开始施工,爆破后适时开展回收仪器。

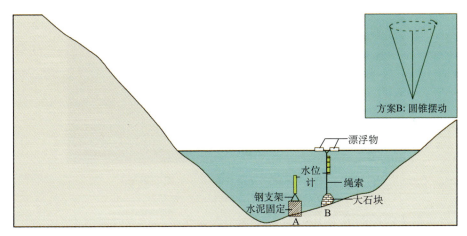

图 5.2　水位计的安装示意图

右上图为以 B 方案进行固定时水位计的圆锥运动方式

选择在高程 375m 一小型平台对龚家坊残留体爆破清除进行全景高清拍摄。照相机为 CANON D50,每秒能拍摄 25 张照片。为应对较大涌浪,在龚家坊旁侧斜坡修建了简易比例标尺。比例标尺采用白色粗绳子和反光材料制作,绳索布置在垂直高度 175～195m,以反光材料为刻度(0.5m 宽),每 3m 一个刻度。这一措施是为了大于 3m 的涌浪出现而设置的。

5.3　龚家坊残留体 2011 年 1 月 17 日爆破产生涌浪监测实例

根据巫山县龚家坊危岩应急抢险工程爆破安全工作领导小组 2011 年 1 月 14 日发布的爆破实施安全工作方案,2011 年 1 月 17 日 AM10:00 施工单位对 80 个爆破孔实施了爆破,爆破方量为 200m³,本次爆破计划装药 64kg,电雷管 80 发。爆破方式为浅孔松动式,爆破深度为孔内深 3m 左右。实施爆破位置为危岩体后缘靠近下游冲沟部位(图 5.3、图 5.4)。

河道中共布设全自动高精度水位计2台，其中1台距龚家坊岸边100m（A点），另一台距离龚家坊岸边240m（B点）（图5.3）。同时，采用高清摄像机进行全过程拍照。将这些设备安装到位，仅需2组人员（一组负责水上施工，一组负责安排架设相机），耗时仅需半小时。当日，长江巫山段水位为173m，该段河床高程约为50m。

图5.3 涌浪监测现场布置图（起爆的瞬间）

本次爆破起始时间为10：04分，涌浪和灰尘散尽结束时间约为10：15分左右。起爆至第一个块石入江时间间隔16.84″，爆破28.7″后出了明显水舌（最大浪花），落石入水持续时间约为50″左右。根据简易标尺，最大浪花高度约10m，射出距离约20～30m，（图5.4a）。因粉尘笼罩在落石入水区域，涌浪在该区域不可见。在38.32″时可见波浪开始呈环状向外传播，估计最大涌浪约1.5m左右（图5.4b）。在74″后可见波浪明显传播至河道中间的水位计处（图5.4c）。当水波传播超400m后水波环状形态明显衰减。此外，未发现有从岸边反射回的弧形波浪进入河道中间，河面逐渐恢复原始状态。

水位计的数据也支持了影像数据的分析。在涌浪波未传递前，数据为风浪数据。涌浪波作用期间，由于涌浪波波高不大，造成了风浪与涌浪的叠加，水位计数据呈波包形态（图5.5、图5.6）。从图5.5可见，水位计捕捉的涌浪波最大为80cm。

根据录像影像和野外实际调查，龚家坊下部突出部位因受到落石冲击局部垮塌，方量较小，约50m³左右（图5.4）。爆破方量为200m³，因此估计实际坠入江中方量约200+50=250m³。

第 5 章　龚家坊残留危岩体爆破涌浪现场监测

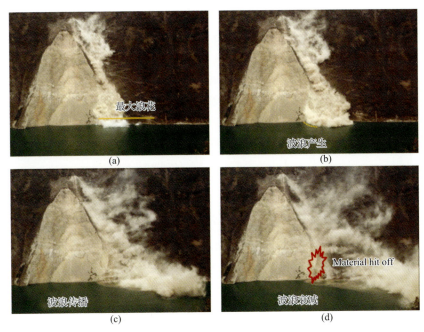

图 5.4　波浪过程的四个典型时刻照片

（a）是形成最大浪花时的照片；（b）是涌浪形成，传出粉尘圈时的照片；（c）是波浪传播时的照片；（d）是波浪衰减与风浪叠加的波纹照片

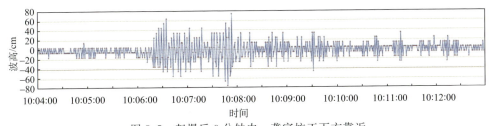

图 5.5　起爆后 9 分钟内，龚家坊正下方靠近下游冲沟距岸 100m 处（A 点）水面高度变化情况

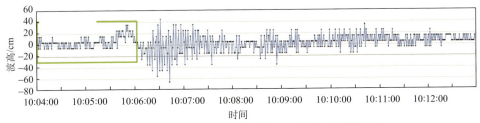

图 5.6　起爆后 9 分钟内，龚家坊正下方靠近下游冲沟距岸 240m 处（B 点）水面高度变化情况（绿色框是重点研究时段）

5.4 涌浪监测数据分析

5.3 节展示了 2011 年 1 月 17 日爆破清危产生涌浪的影像资料和水位计数据。本节将通过对影像数据分析，估算爆破产生碎屑流的速度。同时，对涌浪初始区域水位计数据进一步分析，以确定涌浪波的函数。碎屑流入水速度和初始涌浪函数的分析，可提供更为全面的涌浪波数学描述，为后期涌浪波的数值模拟提供基础资料。

5.4.1 入水速度

从影像上可见，当只有少数石块到达斜坡上某一区域时，并未激起粉尘；当大量的碎屑到达该区域时，粉尘就开始扬起。因此可把粉尘扬起作为碎屑流前缘抵达位置的标志，根据这个标志对照地形图可估算分析碎屑流的运动速度（图5.7）。

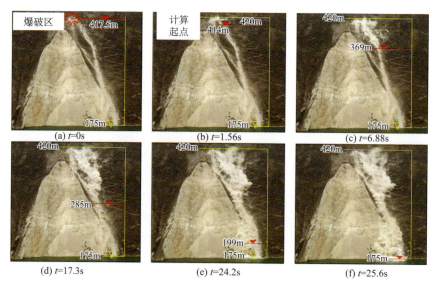

图 5.7 爆破后碎屑流运动瞬时系列照片

假定碎屑流在某个很小的时段内其加速度为一致的，在已知运动时间和运动距离的情况下，下滑速度可以据普通物理学运动定律来估算。

$$\overline{V_{i+1}} = \frac{h_{i+1} - h_i}{t \sin\alpha} \tag{5.1}$$

$$V_{i+1} = 2\overline{V_{i+1}} - V_i \tag{5.2}$$

$$a = \frac{V_{i+1} - V_i}{t} \tag{5.3}$$

式中，i 表示时段；$i+1$ 表示下个时段；t 为两个时段的时间间隔；h_i 表示 i 时段后缘点运动的垂直高度；α 表示斜坡的坡角；$\overline{V_{i+1}}$ 为 i 至 $i+1$ 时段平均速度；V_{i+1} 为 $i+1$ 时的即时速度；a 为 t 时间间隔内的平均加速度。

由于爆破产生了初速度，部分岩土体被抛出。通过影像和地形图，发现爆破点的高程为 417m 附近，抛出的岩土体最高至 420m。因此本次计算采用 420m 为起点，通过式（5.1）、式（5.2）、式（5.3）计算，得到了碎屑流的速度和加速度变化曲线（图 5.8）。

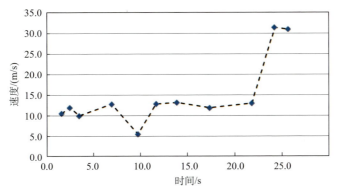

图 5.8　爆破后碎屑流的速度曲线

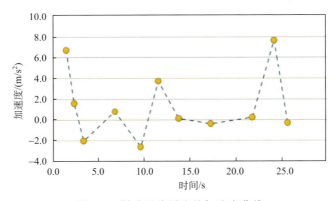

图 5.9　爆破后碎屑流的加速度曲线

爆破后产生碎屑流，碎屑流经过的区域包括灌木区、裸露的岩石表面以及部分堆积物。因此，尽管碎屑流初始位于高势能区域（高差约 245m），但最终速度并不大。最初碎屑流经过的区域是灌木区，速度一直不能提升，速度在 10~

13m/s 左右，碎屑流在下部岩面上滑动时，整个碎屑流的速度达到最大，约为 31.4m/s。灌木丛最大的加速度为 -2.00m/s^2，在岩面上最大的加速度为 7.69m/s^2。碎屑流前缘入水速度达到了 31.0m/s。该估算有一定的误差，误差主要来源于粉尘位置的确定。不同协作者根据影像估算的入水速度从 25m/s 至 35m/s 不等，因此入水速度的误差在±5m/s 左右。

5.4.2 部分水波波函数特征

从图 5.8、图 5.9 来看，水位计记录形成的涌浪波明显是由两段波组成，图 5.8 在 10：05：30 之前是风浪波，之后是风浪叠加涌浪后的波群；图 5.9 在 10：06：00 之前是风浪波，之后是风浪叠加涌浪后的波群。这些波群是由波数不同、频率相异的波叠加形成的。涌浪波从点 A 传递至点 B，涌浪波的频率变快，图 5.9 明显为波群形态。因此，涌浪波随时间发生衰减，波群也发生衰减，因此很难用一个表达式来进行数学描述。

根据图 5.8 中 10：04：00～10：05：30 和图 5.9 中 10：04：00～10：06：00 之间采集的数据，一个完整的风浪波基本只有 3 个采集点控制。这说明 1Hz 的采集频率较低，人为造成了风浪的频率偏高，对风浪而言，数据可能不完整精确。采集到的风浪其周期为 2s，振幅为 5cm，因此风浪单个周期的表达式基本可以公式（5.4）的余弦波来表达，即

$$H_{\text{wind}} = 5\cos(\pi t) \tag{5.4}$$

式中，H_{wind} 为风浪振幅，cm；t 为时间，s。

A 点水位计最接近入水点，其 10：05：30～10：06：00 段为明显的岩土体入水造成的涌浪波。这个涌浪波明显为小频率波叠加了大频率波，且波形只有一半。周期过半后（亦即 10：06：00 后），两个波的频率开始接近，波群形态复杂不易识别。在半周期内采集数据超过 10 个，涌浪数据采集较为完整准确。因此，截取图 5.8 的 10：05：00～10：06：30 这一段数据分析扰动点附近的涌浪波起始函数。该函数周期为 66s，振幅为 30cm，表达式为

$$H_{\text{landslide}} = 30\sin\left(\frac{\pi t}{33}\right) \tag{5.5}$$

对 A 点而言，在 10：05：00 之前水波表达式为周期性的式（5.4）；在 10：05：00～10：06：30 之间的水波表达式为式（5.4）+式（5.5），即

$$H = H_{\text{wind}} + H_{\text{landslide}} = 5\cos(\pi t) + 30\sin\left(\frac{\pi t}{33}\right) \tag{5.6}$$

将 10：04：00～10：06：30 之间的数学分析式（5.4）和式（5.6）与水位计采集的数据进行对比（图 5.10），两组数列的相关性系数为 0.65，数学预测方程基本有效。因此，本次涌浪事件形成的初始涌浪波源的方程可视为式（5.6）。

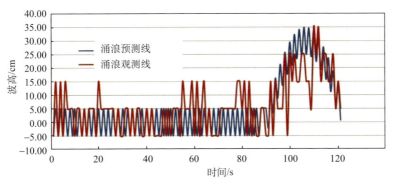

图 5.10 涌浪观测值与预测值对比图

第6章 崩塌滑坡涌浪概化物理模型试验研究

以涌浪的产生及首浪为主要研究对象,研究崩滑体尺度(包括长度、宽度、厚度)、落差、滑动面倾角、受纳水体深度等因素对涌浪首浪高度的影响;研究崩滑体对岸坡度对涌浪爬坡高度的影响;研究涌浪在二维河道沿程传播、衰减及爬坡规律。作者于2010、2012年开展了四个类型的物理模型试验,这些基础性研究为后期经验公式的推导提供了基础数据,为三峡库区四种滑坡涌浪的计算提供基础依据。

2010年试验分块体和散粒体两组,设计受纳水深较大,即崩滑体全部滑入水中,并按正交试验方法设计试验组次。块体试验每个因素取7水平(7个值),选用$L_{49}7^8$正交表编制试验方案共49组;散粒体试验每因素取5水平(5个值),选用$L_{25}5^6$正交表编制试验方案共25组。

为完善试验过程,作者于2013年又进行了中等水深区(受纳水深相对较浅)即崩滑体长度与水深相当(有块体被部分淹没)的涌浪物理试验。试验仍分块体和散粒体两组,按正交表编制试验组次,块体和散粒体各25组试验。

两次试验模型比尺均为1:200,依据重力相似准则设计为正态模型,建立模型试验水池,模型制作与安装精度符合《滑坡涌浪模拟技术规程 SL165—2010》的要求。

6.1 深水区涌浪物理模型入水试验

6.1.1 试验设计分析

1. 模型设计

图6.1 模型布置图

(1)水池长24.5m,高1.2m,宽5.5m,试验水池布置见图6.1。模拟水深90~170m。

(2)崩滑体下滑试验段宽1m,采用滑动控制设备模拟不同的滑动面倾角,崩滑体对岸2m范围采用安装钢架的背景板模拟不同坡角。

(3)水深通过测针进行控制,刚性体由混凝土块来模拟(图6.2);散

第6章 崩塌滑坡涌浪概化物理模型试验研究

图6.2 试验采用的整体崩滑体

图6.3 试验采用的散体材料

体崩滑体由粒径0.5cm、1cm、2.5cm白麻石与边长5cm、10cm混凝土块分别模拟不同粒径的崩滑体（图6.3），崩滑体滑动前由不锈钢箱体控制初始形状及体积（图6.4）。

2. 控制设备

试验中采用先进的滑动控制设备实现滑块入水的滑动过程。滑动控制设备装置图6.5。设备可前后移动、升降及角度变化，主要技术参数如下。

图6.4 不锈钢箱体

（1）滑动控制设备长度为6m，宽度为0.95m。

图 6.5 滑动控制设备

(2) 滑动控制设备升降及角度变化为液压控制，升降高度为 0.5~2m，滑道倾角可调范围为 5°~65°。

(3) 滑动控制设备可前后移动，移动范围为 0~3m。

(4) 滑道最大承重 250kg，电机牵引滑块，绳索牵引力 0~300kg。

(5) 滑道安装制动卡板、制动滑块。

(6) 电动装置控制滑块在制动卡板处脱钩下滑。

(7) 崩滑体入水通过滑动控制设备及磁感应测速系统控制其速度，滑动控制设备通过液压系统控制滑动面倾角及位置。

3. 量测系统

在河道中适当断面设置涌浪背景板（图 6.6），通过高速摄影机（每秒采集 100 帧图片）记录崩滑体滑动方向上的涌浪过程，并在滑动方向上布置监测点，崩滑体滑动方向上（对岸至崩滑岸）监测点顺序依次为 1#、2#、……、8#、9#（图 6.7），采用电容式波高仪同步记录监测点上的涌浪过程，捕捉首浪。

在滑动方向对岸 2m 范围内设置爬坡浪背景板（图 6.6），通过摄像机记录涌浪爬坡过程。

4. 试验条件

对三峡库区潜在高陡岸坡崩滑体进行实地调查，提炼出可能影响滑坡涌浪的因素，每个因素取 n 水平。整体崩滑体试验，取 7 因素 7 水平，7 因素包括崩滑体长度（40~140m）、崩滑体宽度（20~80m）、崩滑体厚度（20~80m）、受纳水体深度（90~170m）、落差（25~300m）、滑动面倾角（30°~65°）、岸坡角

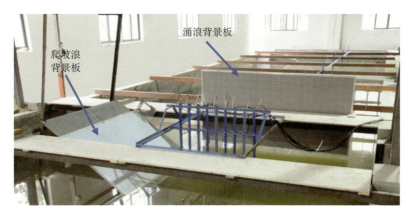

图 6.6 背景板布置

图 6.7 首浪监测点布置图

(20°~75°);散体崩滑体试验,取 5 因素 5 水平,5 因素包括崩滑体体积($3.2×10^4$~$5.76×10^5$ m^3)、受纳水体深度(130~170m)、滑动面倾角(35°~60°)、落差(50~250m)、散体粒径(1~20m)。

本次试验条件采用正交试验设计,影响试验的主要因素与水平列于表 6.1、表 6.2 中。试验选用 $L_{49}7^8$、$L_{25}5^6$ 正交表(表 6.2、表 6.3、表 6.4),根据正交表编制试验方案（表 6.3）。

表 6.1 整体崩滑体试验各因素水平模型值与原型值

因素水平	受纳水体深度/m		崩滑体宽度/m		崩滑体厚度/m		崩滑体长度/m		落差/m		滑动面倾角/(°)		对岸坡角/(°)	
	模型值	原型值	模型值	原型值	模型值	原型值	模型值	原型值	模型值	原型值	模型值	原型值	模型值	原型值
1	0.45	90	0.10	20	0.10	20	0.20	40	0.125	25	30	30	20	20
2	0.55	110	0.15	30	0.15	30	0.25	50	0.250	50	35	35	25	25
3	0.65	130	0.20	40	0.20	40	0.30	60	0.500	100	40	40	35	35
4	0.70	140	0.25	50	0.25	50	0.40	80	0.750	150	45	45	45	45
5	0.75	150	0.30	60	0.30	60	0.50	100	1.000	200	50	50	55	55
6	0.80	160	0.35	70	0.35	70	0.60	120	1.250	250	60	60	65	65
7	0.85	170	0.40	80	0.40	80	0.70	140	1.500	300	65	65	75	75

表 6.2 散体崩滑体试验各因素水平模型值与原型值

因素水平	受纳水体深度/m		滑动面倾角/(°)		崩滑体体积/m³		落差/m		散体粒径/m	
	模型值	原型值	模型值	原型值	模型值	原型值	模型值	原型值	模型值	原型值
1	0.65	130	35	35	0.004	32000	0.25	50	0.005	1
2	0.70	140	40	40	0.008	64000	0.50	100	0.010	2
3	0.75	150	45	45	0.016	128000	0.75	150	0.025	5
4	0.80	160	50	50	0.036	288000	1.00	200	0.050	10
5	0.85	170	60	60	0.072	576000	1.25	250	0.100	20

表 6.3 1∶200 整体崩滑体试验表（模型值）

滑块编号	试验编号	受纳水体深度/m	崩滑体宽度/m	对岸坡角/(°)	崩滑体厚度/m	崩滑体长度/m	落差/m	滑动面倾角/(°)
1	1	0.45	0.10	20	0.10	0.20	0.125	30
2	2	0.45	0.15	25	0.15	0.25	0.250	35
3	3	0.45	0.20	35	0.20	0.30	0.500	40
4	4	0.45	0.25	45	0.25	0.40	0.750	45
5	5	0.45	0.30	55	0.30	0.50	1.000	50
6	6	0.45	0.35	65	0.35	0.60	1.250	60

续表

滑块编号	试验编号	受纳水体深度/m	崩滑体宽度/m	对岸坡角/(°)	崩滑体厚度/m	崩滑体长度/m	落差/m	滑动面倾角/(°)
7	7	0.45	0.40	75	0.40	0.70	1.500	65
8	8	0.55	0.10	35	0.25	0.50	1.250	65
9	9	0.55	0.15	45	0.30	0.60	1.500	30
10	10	0.55	0.20	55	0.35	0.70	0.125	35
11	11	0.55	0.25	65	0.40	0.20	0.250	40
12	12	0.55	0.30	75	0.10	0.25	0.500	45
13	13	0.55	0.35	20	0.15	0.30	0.750	50
14	14	0.55	0.40	25	0.20	0.40	1.000	60
15	15	0.65	0.10	55	0.40	0.25	0.750	60
16	16	0.65	0.15	65	0.10	0.30	1.000	65
17	17	0.65	0.20	75	0.15	0.40	1.250	30
18	18	0.65	0.25	20	0.20	0.50	1.500	35
19	19	0.65	0.30	25	0.25	0.60	0.125	40
20	20	0.65	0.35	35	0.30	0.70	0.250	45
21	21	0.65	0.40	45	0.35	0.20	0.500	50
22	22	0.70	0.10	75	0.20	0.60	0.250	50
23	23	0.70	0.15	20	0.25	0.70	0.500	60
24	24	0.70	0.20	25	0.30	0.20	0.750	65
25	25	0.70	0.25	35	0.35	0.25	1.000	30
26	26	0.70	0.30	45	0.40	0.30	1.250	35
27	27	0.70	0.35	55	0.10	0.40	1.500	40
28	28	0.70	0.40	65	0.15	0.50	0.125	45
29	29	0.75	0.10	25	0.35	0.30	1.500	45
30	30	0.75	0.15	35	0.40	0.40	0.125	50
31	31	0.75	0.20	45	0.10	0.50	0.250	60
32	32	0.75	0.25	55	0.15	0.60	0.500	65
33	33	0.75	0.30	65	0.20	0.70	0.750	30
34	34	0.75	0.35	75	0.25	0.20	1.000	35
35	35	0.75	0.40	20	0.30	0.25	1.250	40
36	36	0.80	0.10	45	0.15	0.70	1.000	40
37	37	0.80	0.15	55	0.20	0.20	1.250	45
38	38	0.80	0.20	65	0.25	0.25	1.500	50
39	39	0.80	0.25	75	0.30	0.30	0.125	60

续表

滑块编号	试验编号	受纳水体深度/m	崩滑体宽度/m	对岸坡角/(°)	崩滑体厚度/m	崩滑体长度/m	落差/m	滑动面倾角/(°)
40	40	0.80	0.30	20	0.35	0.40	0.250	65
41	41	0.80	0.35	25	0.40	0.50	0.500	30
42	42	0.80	0.40	35	0.10	0.60	0.750	35
43	43	0.85	0.10	65	0.30	0.40	0.500	35
44	44	0.85	0.15	75	0.35	0.50	0.750	40
45	45	0.85	0.20	20	0.40	0.60	1.000	45
46	46	0.85	0.25	25	0.10	0.70	1.250	50
47	47	0.85	0.30	35	0.15	0.20	1.500	60
48	48	0.85	0.35	45	0.20	0.25	0.125	65
49	49	0.85	0.40	55	0.25	0.30	0.250	30

表6.4　1∶200散体崩滑体试验表（模型值）

试验编号	受纳水体深度/m	滑动面倾角/(°)	崩滑体体积/m³	落差/m	散体粒径/cm
1	0.65	35	0.004	0.25	0.5
2	0.65	40	0.008	0.50	1.0
3	0.65	45	0.016	0.75	2.5
4	0.65	50	0.036	1.00	5.0
5	0.65	60	0.072	1.25	10.0
6	0.70	35	0.016	1.00	10.0
7	0.70	40	0.036	1.25	0.5
8	0.70	45	0.072	0.25	1.0
9	0.70	50	0.004	0.50	2.5
10	0.70	60	0.008	0.75	5.0
11	0.75	35	0.072	0.50	5.0
12	0.75	40	0.004	0.75	10.0
13	0.75	45	0.008	1.00	0.5
14	0.75	50	0.016	1.25	1.0
15	0.75	60	0.036	0.25	2.5
16	0.80	35	0.008	1.25	2.5
17	0.80	40	0.016	0.25	5.0
18	0.80	45	0.036	0.50	10.0
19	0.80	50	0.072	0.75	0.5

续表

试验编号	受纳水体深度/m	滑动面倾角/(°)	崩滑体体积/m³	落差/m	散体粒径/cm
20	0.80	60	0.004	1.00	1.0
21	0.85	35	0.036	0.75	1.0
22	0.85	40	0.072	1.00	2.5
23	0.85	45	0.004	1.25	5.0
24	0.85	50	0.008	0.25	10.0
25	0.85	60	0.016	0.50	0.5

6.1.2 试验结果分析

1. 块体崩滑体试验成果

1) 涌浪首浪形成过程

高速摄像机拍摄整体崩滑体入水涌浪过程，波高仪同步监测各测点的涌浪过程。以 27♯崩滑体涌浪过程为例，结合波高仪监测到的各监测点涌浪过程分析摄像机拍摄的过程连续图片可以看出，首浪的形成分为以下三个阶段。

第一阶段，崩滑体沿滑动面加速滑入水中，其迎水面推挤水体形成上部带有水舌的第一次涌浪（图 6.8a），上部水舌呈抛物状跃向对岸，溅落于水面或对岸，下部涌浪迅速向对岸传播，由于崩滑体尚未完成向水体的能量输入，涌浪所携带的能量相对较小，因此第一次涌浪的浪高在向对岸的传播过程中快速衰减，从图 6.8 可以看出，涌浪从第 9♯测点传至第 2♯测点用时 5s，浪高由 26.40m 衰减至 2.00m，衰减率为 4.88 m/s。

第二阶段，崩滑体入水过程中不断将其动能传给水体并快速侵占水体位置，使得局部水面迅速抬高，同时将水体向周围推开，使崩滑体尾部形成空腔，由于空腔内外水位梯度极大，腔外水体快速汇入腔内并相互撞击形成浪花团（图 6.8b），但浪花团并不向前行进而是很快在原地跌落。

第三阶段，崩滑体停止，完成向水体的能量输入，水体在获得由崩滑体体积侵占带来的势能及动量效应带来的动能后形成第二次涌浪（图 6.8c），涌浪在向四周推进的过程中吸收并累积水体碰撞后的剩余能量，高度迅速增至最大，此次涌浪所携带的能量较第一次大，在向对岸推进的过程中浪高衰减率比第一次涌浪小，从致灾角度考虑其危害程度较第一次涌浪严重，因此定义此次最大涌浪为首浪（图 6.8d），最大涌浪高与滑坡发生前河道初始水深的高差称为首浪高度。从图 6.9 可以看出，涌浪从第 9♯测点传至第 2♯测点用时 10s，浪高从 17.7m 衰减至 8.5m，衰减率为 0.92 m/s。

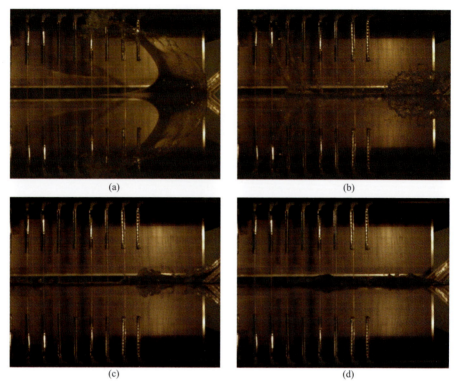

图 6.8　整体崩滑体涌浪首浪产生形态图

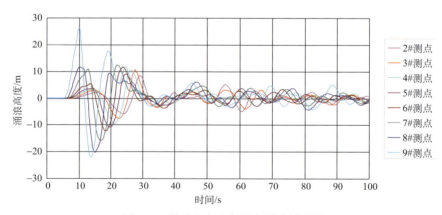

图 6.9　滑动方向上各测点涌浪过程线

2）首浪高度分析

通过正交试验，得到了整体崩滑体形成的首浪高度（表 6.5）。对测得的首浪高度试验数据采用正交表进行极差与方差分析，研究首浪高度随各因素的变化趋势及各因素对首浪高度的显著性；然后，通过量纲分析及回归分析得到首浪高度与显著影响其值的各因素之间的关系式。

表 6.5　整体崩滑体首浪高度表

试验组次	首浪高度/m	试验组次	首浪高度/m	试验组次	首浪高度/m	试验组次	首浪高度/m	试验组次	首浪高度/m	试验组次	首浪高度/m	试验组次	首浪高度/m
1	2.92	8	20.43	15	9.23	22	13.09	29	24.85	36	11.34	43	10.15
2	4.60	9	14.74	16	11.50	23	14.00	30	13.06	37	15.00	44	17.27
3	8.85	10	14.34	17	10.28	24	14.32	31	8.40	38	23.80	45	24.48
4	24.61	11	15.79	18	21.57	25	13.05	32	24.45	39	18.40	46	26.40
5	49.02	12	17.90	19	17.34	26	17.80	33	16.20	40	17.27	47	21.00
6	61.76	13	18.50	20	32.10	27	23.50	34	11.00	41	21.41	48	16.68
7	95.00	14	34.90	21	21.60	28	23.20	35	19.54	42	19.00	49	9.80

（a）极差分析与方差分析。

利用正交表 $L_{49}(7^8)$ 对测得的首浪高度进行极差与方差分析，见表 6.6。

表中极差分析中符号表示的涵义：

I_j、II_j、III_j、IV_j、V_j、VI_j、VIII_j 分别表示第 j 列 1、2、3、4、5、6、7 水平对应的试验指标的数值之和；

k_j 表示第 j 列同一水平出现的次数；

I_j/k_j、II_j/k_j、III_j/k_j、IV_j/k_j、V_j/k_j、VI_j/k_j、$VIII_j/k_j$ 分别表示第 j 列 1、2、3、4、5、6、7 水平对应的试验指标的平均值；

D_j 表示第 j 列的极差，等于第 j 列各水平对应的试验指标平均值中的最大值减最小值，即 $D_j = \max\{I_j/k_j、II_j/k_j、III_j/k_j、\cdots\} - \min\{I_j/k_j、II_j/k_j、III_j/k_j、\cdots\}$。

表中方差分析中符号表示的涵义：

S_j 表示偏差平方和，即 $S_j = k_j\left(\dfrac{I_j}{k_j} - \bar{y}\right)^2 + k_j\left(\dfrac{II_j}{k_j} - \bar{y}\right)^2 + \cdots$；

f_j 表示自由度，即第 j 列的水平数 -1；

V_j 表示方差，$V_j = S_j/f_j$；

V_e 表示误差列的方差；

F_j 表示方差之比，$F_j = V_j/V_e$；

$F_{0.01}$、$F_{0.05}$、$F_{0.10}$、$F_{0.25}$ 分别表示 $a=0.01$、0.05、0.10、0.25 水平的 F

分布的分位数，查 F 分布分位数表。

表6.6　整体崩滑体首浪正交试验结果极差与方差分析表

因素	受纳水体深度/m	崩滑体宽度/m	误差	对岸坡角/(°)	崩滑体厚度/m	崩滑体长度/m	落差/m	滑动面倾角/(°)	备注
I_j	246.76	92.01	153.24	118.28	109.62	101.63	105.94	88.40	
II_j	136.60	90.17	129.21	143.82	113.37	104.80	101.05	98.46	
III_j	123.62	104.47	110.69	127.49	126.29	109.70	118.36	113.63	
IV_j	118.96	144.27	125.49	115.17	120.98	133.77	119.13	162.14	
V_j	117.50	156.53	149.62	145.34	158.27	161.30	155.29	165.47	
VI_j	126.22	184.95	149.75	162.40	170.14	174.86	171.21	167.69	
VII_j	125.78	223.04	177.44	182.94	196.77	209.38	224.46	199.65	
k_j	7	7	7	7	7	7	7	7	极差分析
I	35.25	13.14	21.89	16.90	15.66	14.52	15.13	12.63	
II	19.51	12.88	18.46	20.55	16.20	14.97	14.44	14.07	
III	17.66	14.92	15.81	18.21	18.04	15.67	16.91	16.23	
IV	16.99	20.61	17.93	16.45	17.28	19.11	17.02	23.16	
V	16.79	22.36	21.37	20.76	22.61	23.04	22.18	23.64	
VI	18.03	26.42	21.39	23.20	24.31	24.98	24.46	23.96	
VII	17.97	31.86	25.35	26.13	28.11	29.91	32.07	28.52	
D_j	18.47	18.98	9.54	9.68	12.45	15.39	17.63	15.89	
S_j	1854.93	2174.57	416.66	514.21	944.69	1445.23	1698.33	1501.89	
f_j	6	6	6	6	6	6	6	6	
V_j	309.16	362.43	69.44	85.70	157.45	240.87	283.06	250.31	
F_j	4.45	5.22		1.23	2.27	3.47	4.08	3.60	方差分析
$F_{0.01}$	8.47	8.47		8.47	8.47	8.47	8.47	8.47	
$F_{0.05}$	4.28	4.28		4.28	4.28	4.28	4.28	4.28	
$F_{0.10}$	3.05	3.05		3.05	3.05	3.05	3.05	3.05	
$F_{0.25}$	1.78	1.78		1.78	1.78	1.78	1.78	1.78	
显著性	3*(0.05)	3*(0.05)		0*(0.25)	1*(0.25)	2*(0.10)	2*(0.10)	2*(0.10)	

由极差分析与方差分析可以得到：

（1）崩滑体宽度所在的第 2 列的极差 D_j 最大，为 18.98，表示崩滑体宽度在试验范围内变化时，使崩滑体产生的首浪高度的变化最大，其他因素所在列的极差由大至小依次为受纳水体深度、落差、滑动面倾角、崩滑体长度、崩滑体厚度、对岸坡角,因此各因素的数值在试验范围内变化时,对崩滑体产生的首浪高度的影响依次为崩滑体宽度、受纳水体深度、落差、滑动面倾角、崩滑体长度、崩滑体厚度、对岸坡角。

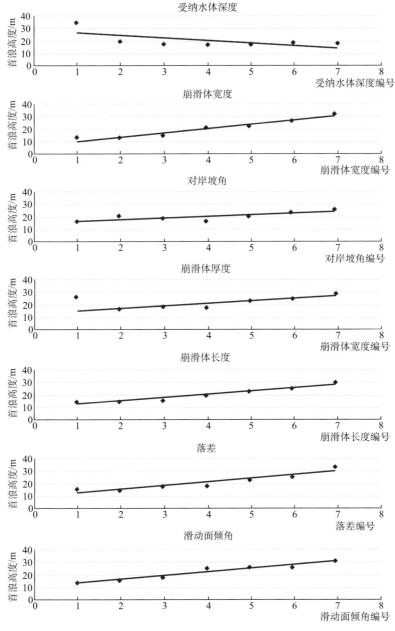

图 6.10　首浪高度随各因素的变化趋势

(2) 崩滑体产生的首浪高度随各因素、水平的变化趋势见图 6.10。由图可以看出，首浪高度随受纳水体深度增大而减小；随其他因素的各自增大而增大。

(3) 首浪高度的影响因素的显著性排序：崩滑体宽度、受纳水体深度＞落差、滑动面倾角、崩滑体长度＞崩滑体厚度＞对岸坡角。崩滑体宽度、受纳水体深度在 $a=0.05$ 水平上显著，是极其显著影响首浪高度的因素；落差、滑动面倾角、崩滑体长度在 $a=0.10$ 水平上显著，是显著影响首浪高度的因素；崩滑体厚度在 $a=0.25$ 水平上显著，是一般显著影响首浪高度的因素；对岸坡角在 $a=0.25$ 水平上对首浪高度的影响仍不显著。

通过以上分析，得到对首浪高度有显著影响的因素依次为崩滑体宽度、受纳水体深度、落差、滑动面倾角、崩滑体长度、崩滑体厚度。

(b) 量纲分析与回归分析。

崩滑体入水速度是落差与滑动面倾角的函数，给出各首浪高度有影响的因素及目标因素等变量：入水速度 u、崩滑体宽度 b、崩滑体宽度 t、崩滑体长度 l、受纳水体深度 h、首浪高度 H。在量纲分析时一般也要给出一些反映水流现象的常量如水流密度 ρ 等，分析河道水流时也要考虑重力加速度 g 的影响。这样，首浪高度与各因素之间的函数关系一般可以表示为

$$f(H, u, b, t, l, h, \rho, g)=0 \tag{6.1}$$

经量纲分析，得到

$$f_1\left(\frac{H}{h}, \frac{b}{h}, \frac{t}{h}, \frac{l}{h}, \frac{gh}{u^2}\right)=0 \tag{6.2}$$

对方程（6.2）整理，得到

$$\frac{H}{h}=f_2\left(\frac{h}{b}, \frac{h}{t}, \frac{h}{l}, \frac{u^2}{gh}\right) \tag{6.3}$$

对方程（6.3）进行整理，得到

$$\frac{H}{h}=f_3\left(\frac{b}{t}, \frac{t}{l}, \frac{t}{h}, \frac{u^2}{gh}\right) \tag{6.4}$$

对方程（6.4）进行回归分析。首先给定模型方程

$$\frac{H}{h}=a1\left(\frac{u^2}{gh}\right)^{a2}\left(\frac{b}{t}\right)^{a3}\left(\frac{t}{l}\right)^{a4}\left(\frac{t}{h}\right)^{a5} \tag{6.5}$$

其中，$a1, \cdots, a5$ 为待定参数。经非线性回归分析，得到

$$a1=0.529, a2=0.334, a3=0.754, a4=-0.506, a5=1.631 \tag{6.6}$$

则整体崩滑体首浪方程

$$\frac{H}{h}=0.529\left(\frac{u^2}{gh}\right)^{0.334}\left(\frac{b}{t}\right)^{0.754}\left(\frac{l}{t}\right)^{0.506}\left(\frac{t}{h}\right)^{1.631} \tag{6.7}$$

其中，入水速度 $u = \sqrt{2g\Delta h(1-f\cot\theta)}$，整理得

$$\frac{H}{h} = 0.529 \left(\frac{2\Delta h(1-f\cot\theta)}{h}\right)^{0.334} \left(\frac{b}{t}\right)^{0.754} \left(\frac{l}{t}\right)^{0.506} \left(\frac{t}{h}\right)^{1.631} \quad (6.8)$$

整理得

$$\frac{H}{h} = 0.667 \left(\frac{\Delta h(1-f\cot\theta)}{h}\right)^{0.334} \left(\frac{b}{t}\right)^{0.754} \left(\frac{l}{t}\right)^{0.506} \left(\frac{t}{h}\right)^{1.631} \quad (6.9)$$

式中，H 为首浪高度，m；

h 为受纳水体深度，m；

Δh 为崩滑体前缘至水面落差，m；

f 为滑动面与崩滑体之间的摩擦系数，本次研究摩擦系数为 $f=0.41$；

θ 为滑动面倾角；

$\dfrac{b}{t}$ 为崩滑体迎水面形状系数，b、t 分别为崩滑体宽度、厚度，m；

$\dfrac{t}{l}$ 为崩滑体侧面形状系数，l 崩滑体长度，m；

$\dfrac{t}{h}$ 为崩滑体相对厚度。

3）涌浪对岸最大爬高分析

通过正交试验，获得了整体崩滑体涌浪在对岸的最大爬高（表6.7）。对测得的对岸最大爬高试验数据采用正交表进行极差与方差分析，研究对岸最大爬高随各因素的变化趋势及各因素对对岸最大爬高的显著性。

表 6.7 整体崩滑体对岸涌浪最大爬高表

试验组次	对岸最大爬高/m	试验组次	对岸最大爬高/m	试验组次	对岸最大爬高/m	试验组次	对岸最大爬高/m	试验组次	对岸最大爬高/m	试验组次	对岸最大爬高/m	试验组次	对岸最大爬高/m
1	4.79	8	22.37	15	12.70	22	8.69	29	17.75	36	7.78	43	10.42
2	8.03	9	24.75	16	13.59	23	21.21	30	18.07	37	13.52	44	29.94
3	15.20	10	11.06	17	13.04	24	26.41	31	9.90	38	39.42	45	25.65
4	37.48	11	10.88	18	21.55	25	15.20	32	36.86	39	33.81	46	32.96
5	67.99	12	23.67	19	23.88	26	35.36	33	19.03	40	32.15	47	23.80
6	86.10	13	34.72	20	41.01	27	50.79	34	10.88	41	29.79	48	21.92
7	115.91	14	43.74	21	13.44	28	21.75	35	30.44	42	16.63	49	9.01

由极差分析与方差分析正交试验结果可以得到：

（1）各因素的数值在试验范围内变化时，对涌浪最大爬高的影响依次为崩滑

体受纳水体深度、崩滑体宽度、落差、滑动面倾角、崩滑体长度、崩滑体厚度、对岸坡角。

(2) 对岸涌浪最大爬高随受纳水体深度增大而减小，随其他因素的各自增大而增大。

(3) 对岸涌浪最大爬高的影响因素的显著性排序：崩滑体宽度、受纳水体深度＞落差、滑动面倾角、崩滑体长度＞崩滑体厚度＞对岸坡角。

2. 散粒体崩滑体试验成果

1) 涌浪首浪形成过程

高速摄像机拍摄散体崩滑体入水涌浪过程，波高仪同步监测测点的涌浪过程，以 19♯散体崩滑体为例，结合波高仪监测到的涌浪过程分析摄像机拍摄的连续图片可以看出，散体崩滑体入水形成涌浪的过程基本与整体崩滑体一致（图6.11），仅在第一阶段有所差别。

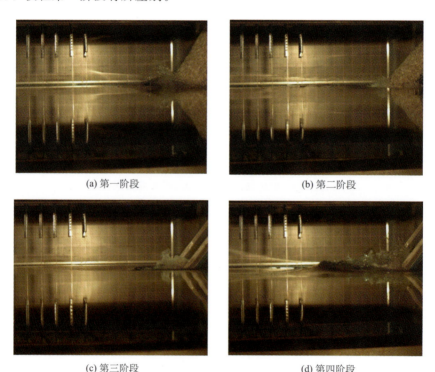

(a) 第一阶段　　　　　　　　　　(b) 第二阶段

(c) 第三阶段　　　　　　　　　　(d) 第四阶段

图 6.11　散体崩滑体涌浪首浪产生形态图

在第一阶段中，由于散体崩滑体在入水前的滑动过程中发生变形，随着散体体积快速平铺展开，与滑动面的接触面增大，入水时前缘趋于较薄的半圆楔型

（散体粒径越小，此现象越明显），迎水面的面积相对整体崩滑体小得多，因此第一次涌浪高度及上部的水舌高度与体积相对整体崩滑体较小，且浪高衰减率亦小（图 6.12）。

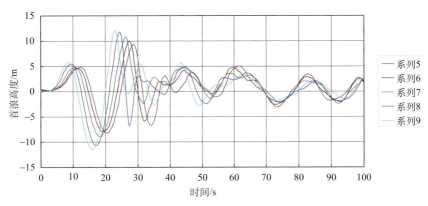

图 6.12　滑动方向上各测点涌浪过程线

2）首浪高度分析

经正交试验，获得了各散体崩滑体在水中运动产生的首浪高度（表 6.8）。对测得的首浪高度试验数据采用正交表进行极差与方差分析，研究首浪高度随各因素的变化趋势及各因素对首浪高度的显著性；然后，通过量纲分析及回归分析得到首浪高度与显著影响其值的各因素之间的关系式。

表 6.8　散体崩滑体首浪高度表

试验组次	首浪高度/m	试验组次	首浪高度/m	试验组次	首浪高度/m	试验组次	首浪高度/m	试验组次	首浪高度/m
1	3.8	6	15.2	11	12.2	16	11.11	21	5.8
2	7.8	7	11.2	12	6.2	17	11.0	22	10.8
3	11.8	8	12.0	13	5.2	18	16.0	23	9.8
4	19.8	9	7.0	14	7.2	19	15.0	24	9.15
5	39.8	10	14.0	15	12.0	20	8.0	25	14.8

由极差分析与方差分析可以得到：

各因素的数值在试验范围内变化时，对崩滑体产生的首浪高度的影响依次为崩滑体体积、滑动面倾角、散体粒径、受纳水体深度、落差。首浪高度随受纳水体深度增大而减小，随其他因素的各自增大而增大。对首浪高度有显著影响的因素依次为崩滑体体积、滑动面倾角、散体粒径、受纳水体深度、落差。

量纲分析与回归分析整理得散粒体首浪公式为

$$\frac{H}{h} = 0.605 \left(\frac{\Delta h (1 - f \cot \theta)}{h} \right)^{0.408} \left(\frac{V}{h^3} \right)^{0.323} \left(\frac{d}{h} \right)^{0.246} \quad (6.10)$$

式中，H 为首浪高度，m；

h 为受纳水体深度，m；

Δh 为崩滑体前缘至水面落差，m；

f 为滑动面与崩滑体之间的摩擦系数，本次研究摩擦系数为 $f = 0.41$；

θ 为滑动面倾角；

V 为崩滑体体积，m³；

d 为散体粒径，m。

3) 涌浪对岸最大爬高分析

通过正交试验，得到各散体崩滑体在水中运动产生的涌浪在对岸的最大爬高（表6.9）。对测得的对岸最大爬高试验数据采用正交表进行极差与方差分析，研究对岸最大爬高随各因素的变化趋势及各因素对对岸最大爬高的显著性。

表6.9 散体崩滑体对岸最大爬高

试验组次	对岸最大爬高/m	试验组次	对岸最大爬高/m	试验组次	对岸最大爬高/m	试验组次	对岸最大爬高/m	试验组次	对岸最大爬高/m
1	1.77	6	9.90	11	8.13	16	4.24	21	2.83
2	3.89	7	6.01	12	5.66	17	8.84	22	7.07
3	8.49	8	6.72	13	4.95	18	13.44	23	4.24
4	14.85	9	3.54	14	7.07	19	11.67	24	4.95
5	20.51	10	7.78	15	8.13	20	5.66	25	9.19

由极差分析与方差分析可以得到：

各因素的数值在试验范围内变化时，对崩滑体产生的首浪高度的影响依次为滑动面倾角、崩滑体体积、受纳水体深度、散体粒径、落差。对岸最大爬高随受纳水体深度增大而减小，随其他因素的各自增大而增大。对对岸最大爬高有显著影响的因素依次为崩滑体体积、滑动面倾角、受纳水体深度、散体粒径、落差。

6.2 中等水深区涌浪物理模型入水试验

一般而言，在库区干流崩滑体的单宽长或体积小于单宽水体的体积或长度，但在支流则不一样，会出现滑坡"头"在水中，"尾"在岸上的情形，亦即滑坡未完全淹没。千将坪滑坡和新滩滑坡即属于此类型。本节采用物理试验的方法，尝试推导中等水深时滑坡涌浪公式。在此，中等水深是指滑坡长度与水下岸坡的长度相近。

6.2.1 试验设计分析

1. 模型设计

试验采用同一水池，同一套控制系统，崩滑体下滑试验段宽度仍为 1m，将滑坡体对岸坡角设置为 45°。仍将滑坡体划分为刚性滑坡体与松散滑坡体两类进行模拟。刚性滑坡体在运动过程中外形保持不变，松散滑坡体在运动过程中外形发生分裂、坍塌等变形。

三峡库区潜在滑坡体调研资料表明，滑坡体形态扁平，其长度与宽度方向的尺度远远大于厚度方向的尺度，滑坡体长宽厚之比约为 25∶20∶1。综合考虑研究目的、试验水池规模、滑动控制设备的承载能力以及模型滑坡体的强度等因素，拟定滑坡体长宽厚之比为 5∶4∶1。

刚性滑坡采用混凝土制作（图 6.13）；松散滑坡体采用小砾石进行模拟，初始形态由装载箱控制，保证其长宽厚之比与刚性滑坡一致，砾石中值粒径 1.5mm（图 6.14），装载箱前沿盖板可由气动设备瞬时开启。

图 6.13 试验采用的刚性滑坡体

2. 量测系统

在滑坡体滑动方向上布置 10 支波高仪，其编号依次为 1♯～10♯，1♯～7♯间距 20cm（模型值，下同），7♯～10♯间距 40cm，主要用于记录涌浪过程。波高仪量测误差为 ±0.2mm（模型值）（图 6.15）。

图 6.14 松散滑坡体材料

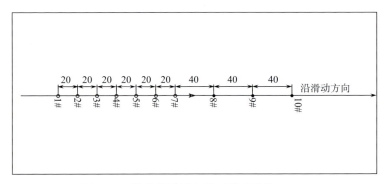

图 6.15 波高仪平面布置（模型单位：cm）

在滑坡体的上游 1m（模型值）处设置网格分辨率 5mm 的高程背景板，下游挡墙可视窗处安装高速摄影机（采集速度 500 帧/s），记录涌浪产生过程。

由于最大涌浪发生的位置具有不确定性，当波高仪的位置与特征涌浪发生的位置较吻合时，以波高仪记录的浪高作为最大涌浪高，若两者位置不吻合时，从高速摄影机与高程背景板记录的涌浪图像中读取最大涌浪高。

在崩滑体对岸布置宽度为 2m 的高程背景板，滑动控制设备下游 1m 处安装摄影机，记录对岸涌浪爬坡过程。

3. 试验条件

依据正交试验设计编制试验组次，刚性滑坡与松散滑坡试验选取相同的参数，各参数的变化范围基本一致。各参数的变化范围：受纳水体深度 0.30～0.50m，滑坡体体积 0.008～0.073 m³/s，滑坡体落差 0.30～0.70m，受纳水体宽度 2.00～3.00m，入水角度 30°～70°，对岸坡角不变，均为 45°。

表 6.10　刚性滑坡试验条件

试验组次	受纳水体深度/m	滑坡体形态尺寸				落差/m	受纳水体宽度/m	入水角度/(°)	对岸坡角/(°)
		滑坡体体积/m³	厚度/m	宽度/m	长度/m				
1	0.30	0.008	0.077	0.304	0.381	0.30	2.00	30	
2	0.30	0.014	0.093	0.365	0.457	0.40	2.25	40	
3	0.30	0.025	0.111	0.438	0.549	0.50	2.50	50	
4	0.30	0.043	0.133	0.525	0.658	0.60	2.75	60	
5	0.30	0.073	0.160	0.630	0.790	0.70	3.00	70	
6	0.35	0.008	0.077	0.304	0.381	0.50	2.75	70	
7	0.35	0.014	0.093	0.365	0.457	0.60	3.00	30	
8	0.35	0.025	0.111	0.438	0.549	0.70	2.00	40	
9	0.35	0.043	0.133	0.525	0.658	0.30	2.25	50	
10	0.35	0.073	0.160	0.630	0.790	0.40	2.50	60	
11	0.40	0.008	0.077	0.304	0.381	0.70	2.25	60	
12	0.40	0.014	0.093	0.365	0.457	0.30	2.50	70	
13	0.40	0.025	0.111	0.438	0.549	0.40	2.75	30	45
14	0.40	0.043	0.133	0.525	0.658	0.50	3.00	40	
15	0.40	0.073	0.160	0.630	0.790	0.60	2.00	50	
16	0.45	0.008	0.077	0.304	0.381	0.40	3.00	50	
17	0.45	0.014	0.093	0.365	0.457	0.50	2.00	60	
18	0.45	0.025	0.111	0.438	0.549	0.60	2.25	70	
19	0.45	0.043	0.133	0.525	0.658	0.70	2.50	30	
20	0.45	0.073	0.160	0.630	0.790	0.30	2.75	40	
21	0.50	0.008	0.077	0.304	0.381	0.60	2.50	40	
22	0.50	0.014	0.093	0.365	0.457	0.70	2.75	50	
23	0.50	0.025	0.111	0.438	0.549	0.30	3.00	60	
24	0.50	0.043	0.133	0.525	0.658	0.40	2.00	70	
25	0.50	0.073	0.160	0.630	0.790	0.50	2.25	30	

松散滑坡试验中，入水角度为 30°时，滑坡体的一部分遗留在滑面上不能顺畅地滑入水中，因此将试验组次 1#、7#、13#、19#、25# 的入水角度由 30°调整为 35°。

刚性滑坡体与松散滑坡体试验条件如表 6.10 与表 6.11 各阶段所示。

表 6.11 松散滑坡体试验条件

试验组次	受纳水体深度/m	滑坡体形态尺寸				落差/m	受纳水体宽度/m	入水角度/(°)	对岸坡角/(°)	粒径 d_{50}/mm
		滑坡体体积/m³	厚度/m	宽度/m	长度/m					
1	0.30	0.008	0.077	0.304	0.381	0.30	2.00	35		
2	0.30	0.014	0.093	0.365	0.457	0.40	2.25	40		
3	0.30	0.025	0.111	0.438	0.549	0.50	2.50	50		
4	0.30	0.043	0.133	0.525	0.658	0.60	2.75	60		
5	0.30	0.073	0.160	0.630	0.790	0.70	3.00	70		
6	0.35	0.008	0.077	0.304	0.381	0.50	2.75	70		
7	0.35	0.014	0.093	0.365	0.457	0.60	3.00	35		
8	0.35	0.025	0.111	0.438	0.549	0.70	2.00	40		
9	0.35	0.043	0.133	0.525	0.658	0.30	2.25	50		
10	0.35	0.073	0.160	0.630	0.790	0.40	2.50	60		
11	0.40	0.008	0.077	0.304	0.381	0.70	2.25	60		
12	0.40	0.014	0.093	0.365	0.457	0.30	2.50	70		
13	0.40	0.025	0.111	0.438	0.549	0.40	2.75	35	45	1.5
14	0.40	0.043	0.133	0.525	0.658	0.50	3.00	40		
15	0.40	0.073	0.160	0.630	0.790	0.60	2.00	50		
16	0.45	0.008	0.077	0.304	0.381	0.40	3.00	50		
17	0.45	0.014	0.093	0.365	0.457	0.50	2.00	60		
18	0.45	0.025	0.111	0.438	0.549	0.60	2.25	70		
19	0.45	0.043	0.133	0.525	0.658	0.70	2.50	35		
20	0.45	0.073	0.160	0.630	0.790	0.30	2.75	40		
21	0.50	0.008	0.077	0.304	0.381	0.60	2.50	40		
22	0.50	0.014	0.093	0.365	0.457	0.70	2.75	50		
23	0.50	0.025	0.111	0.438	0.549	0.30	3.00	60		
24	0.50	0.043	0.133	0.525	0.658	0.40	2.00	70		
25	0.50	0.073	0.160	0.630	0.790	0.50	2.25	35		

6.2.2 试验结果分析

将滑坡体总体积定义为滑动体积，淹没于水下的滑坡体体积称为入水体积，并将入水体积与滑动体积之比定义为淹没度。当淹没度为 1 时，滑坡体处于完全淹没状态；当淹没度小于 1 时，滑坡体处于部分淹没状态。

刚性滑坡的第 3#、4#、5#、9#、10#、15#、24# 试验，滑坡体淹没度小于 1，各组次的详情见表 6.12，其他组次的试验滑坡体淹没度为 1。

松散滑坡试验中，虽然滑坡体初始形状与对应组次刚性滑坡体相同，但松散滑坡在运动过程中发生变形，滑坡体停止后，基本处于完全被淹没状态，所有组次滑坡体淹没度均为 1。

表 6.12　淹没度统计表

试验组次	滑坡体体积 /m³	出露长度 /m	出露体积 /m³	入水体积 /m³	淹没度
刚性滑坡 3#	0.025	0.070	0.001	0.024	0.9488
刚性滑坡 4#	0.043	0.200	0.011	0.032	0.7376
刚性滑坡 5#	0.073	0.365	0.034	0.039	0.5362
刚性滑坡 9#	0.043	0.095	0.003	0.040	0.9343
刚性滑坡 10#	0.073	0.180	0.013	0.060	0.8152
刚性滑坡 15#	0.073	0.120	0.005	0.068	0.9259
刚性滑坡 20#	0.073	0.010	0.000	0.073	0.9996
刚性滑坡 24#	0.043	0.030	0.001	0.042	0.9849

1. 涌浪形成

图 6.16、图 6.17 为刚性滑坡体入水产生的涌浪过程。第一阶段为滑坡体入水阶段。在滑坡体沿滑动面滑动过程中，其迎水面推挤水体，使其表面水体以舌状形态跃向对岸，而下部水体由静止开始运动（图 6.16a、图 6.17a）。

第二阶段为涌浪形成阶段。随滑坡体入水侵占水体体积越来越大，滑坡体将其携带的能量传输给周围水体，直至滑坡体停止滑动，其尾部形成空腔，空腔内外形成水位差，周围水体快速汇入空腔内并相互撞击形成巨大水花团，水花团并不向前行进（图 6.16b、图 6.17b）。随着滑坡体携带的能量不断传递给周围水体，便形成涌浪，水体能量聚集使得涌浪高度达到最大，即首浪产生（图 6.16c、图 6.17c）。

第三阶段为涌浪传播与衰减阶段。涌浪向周围传播的同时，能量消耗，逐渐衰减，并在对岸与本岸形成爬坡（图 6.16d、图 6.17d）。

图 6.18、图 6.19 为松散滑坡体入水过程。可以看出，松散滑坡体入水产生涌浪的过程与刚性滑坡体基本一致。仅在入水阶段有所差别，松散滑坡体在运动

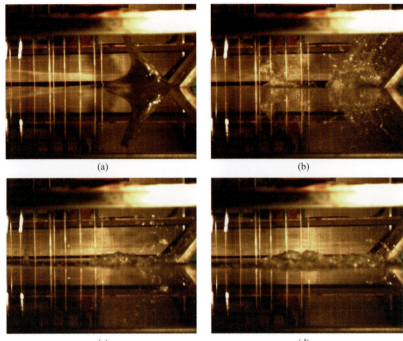

图 6.16 刚性滑坡入水产生涌浪的过程（淹没度为 1，22#）

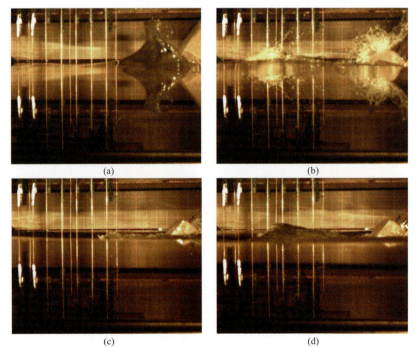

图 6.17 刚性滑坡入水涌浪形成传播过程（淹没度为 0.9259，15#）

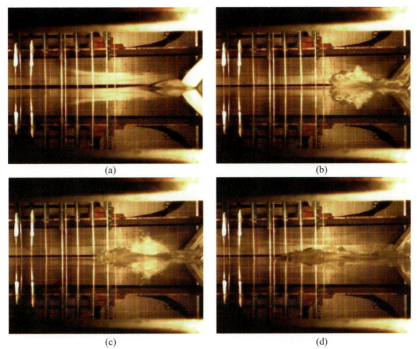

图 6.18　松散滑坡入水产生涌浪的过程（淹没度为 1，22♯）

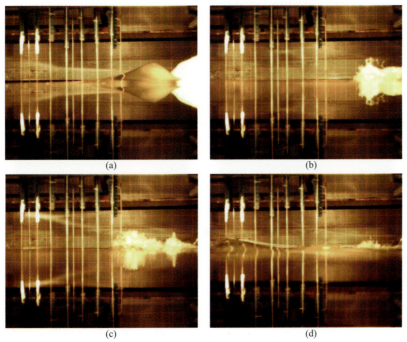

图 6.19　松散滑坡入水涌浪形成传播过程（淹没度为 1，15♯）

中发生变形，前缘逐渐趋于薄半圆楔形，未激起水舌。

总体来说，深水与中等水深、刚性体与散粒体滑坡的涌浪形成过程基本一致。

2. 首浪高度

表6.13为滑坡试验的首浪高度。采用正交试验设计方法的正交表对测得的首浪高度与各影响因素进行极差与方差分析，得出首浪高度随各因素的变化趋势及对其有显著影响的因素。

表6.13 首浪高度表

试验组次	刚性滑坡试验首浪高度/m	松散滑坡试验首浪高度/m	试验组次	刚性滑坡试验首浪高度/m	松散滑坡试验首浪高度/m
1#	7.68	1.56	14#	8.83	6.30
2#	9.83	3.94	15#	16.44	15.94
3#	11.67	11.50	16#	8.54	5.57
4#	16.26	13.83	17#	11.85	11.62
5#	17.01	13.79	18#	12.95	12.52
6#	7.64	7.30	19#	10.19	3.32
7#	6.66	2.63	20#	14.94	6.82
8#	9.25	8.73	21#	9.71	3.37
9#	10.66	8.23	22#	12.58	10.38
10#	13.56	7.55	23#	12.00	10.26
11#	8.66	8.46	24#	14.58	12.29
12#	8.14	7.95	25#	9.13	8.44
13#	6.08	1.82	—	—	—

由极差分析与方差分析得出刚性滑体：

（1）首浪高度随受纳水体深度、宽度的增大而呈减小趋势，随滑坡体滑动体积、落差、入水角度的增大而呈增大趋势。

（2）根据各因素所在列的极差值大小，可得到各因素对首浪高度的影响程度由大到小依次排序为：滑坡体滑动体积、入水角度、受纳水体深度、落差、受纳水体宽度。

（3）由方差分析得到，对首浪高度的显著性分析，滑坡体体积、入水角度在 $a=0.01$ 水平上显著，是影响首浪高度极其显著的因素；受纳水体深度在 $a=0.05$ 水平上显著，是影响首浪高度显著的因素；落差在 $a=0.10$ 水平上显著，是影响首浪高度一般显著的因素；受纳水体宽度在 $a=0.25$ 水平上显著，对首浪高度的影响比较小。

量纲分析与回归分析得出中等水深区刚性滑坡首浪高度：

$$\frac{H_g}{h}=0.216\left(\frac{\Delta h(1-f\cot\theta)}{h}\right)^{0.216}\left(\frac{V}{h^3}\right)^{0.236}\left(\frac{B}{h}\right)^{-0.074}\delta^{-0.170} \quad (6.11)$$

式中：H_r 为中等水深区刚性滑坡首浪高度，m；

h 为受纳水体深度，m，$h\in[60,100]$；

Δh 为滑坡体落差，m；$\Delta h\in[60,140]$；

f 为滑动面与滑坡体之间的摩擦系数；

θ 为入水角度，$\theta\in[30°,70°]$；

V 为滑坡体滑动体积，m³，$V\in[6.7\times10^4,5.88\times10^5]$；

B 为受纳水体宽度，m，$B\in[400,600]$；

δ 为滑坡体淹没度，$\delta\in[0.54,1.00]$。

由极差分析与方差分析得出松散滑体：

（1）首浪高度随受纳水体深度、受纳水体宽度的增大而减小，随滑坡体入水体积、落差、入水角度的增大而增大。

（2）根据各因素所在列的极差值大小，得到各因素对首浪高度的影响程度由大到小依次排序为：入水角度、滑坡体入水体积、落差、受纳水体宽度、深度。

（3）由方差分析得到，对首浪高度的显著性分析，入水角度在 $a=0.01$ 水平上显著，是影响首浪高度极其显著的因素；滑坡体入水体积、落差在 $a=0.05$ 水平上显著，是影响首浪高度显著的因素；受纳水体宽度在 $a=0.10$ 水平上显著，受纳水体深度在 $a=0.25$ 水平上显著，是影响首浪高度一般显著的因素。

针对松散滑坡首浪高度有较大影响的因素进行量纲分析得到松散滑坡首浪高度计算公式：

$$\frac{H_g}{h}=0.535\left(\frac{\Delta h(1-f\cot\theta)}{h}\right)^{0.666}\left(\frac{V}{h^3}\right)^{0.249}\left(\frac{B}{h}\right)^{-0.610} \quad (6.12)$$

式中：H_g 为浅水区松散滑坡首浪高度，m；

h 为受纳水体深度，m，$h\in[60,100]$；

Δh 为滑坡体落差，m，$\Delta h\in[60,140]$；

f 为滑动面与滑坡体之间的摩擦系数；

θ 为入水角度，$\theta\in[30°,70°]$；

V 为滑坡体滑动体积，m³，$V\in[6.7\times10^4,5.88\times10^5]$；

B 为受纳水体宽度，m，$B\in[400,600]$。

3. 刚性滑坡与松散滑坡最大涌浪高度对比

为便于比较滑坡体结构对涌浪高度的影响，此次研究刚性滑坡与松散滑坡试验选取相同参数，各参数的变化范围基本一致。仅松散滑坡试验1♯、7♯、13♯、19♯、25♯的入水角度由30°调整为35°。表6.14给出了刚性滑坡与松散滑坡首浪高度及比值。

从表6.14中可以看出，刚性滑坡试验与松散滑坡试验首浪高度的比值为1.01～4.92，表明滑坡体结构对最大涌浪高度有较大的影响。

表6.14 刚性滑坡与松散滑坡首浪高度对比分析

试验组次	刚性滑坡试验首浪高度/m	松散滑坡试验首浪高度/m	比值	试验组次	刚性滑坡试验首浪高度/m	松散滑坡试验首浪高度/m	比值
1♯	7.68	1.56	4.92	14♯	8.83	6.30	1.40
2♯	9.83	3.94	2.49	15♯	16.44	15.94	1.03
3♯	11.67	11.50	1.01	16♯	8.54	5.57	1.53
4♯	16.26	13.83	1.18	17♯	11.85	11.62	1.02
5♯	17.01	13.79	1.23	18♯	12.95	12.52	1.03
6♯	7.64	7.30	1.05	19♯	10.19	3.32	3.07
7♯	6.66	2.63	2.53	20♯	14.94	6.82	2.19
8♯	9.25	8.73	1.06	21♯	9.71	3.37	2.88
9♯	10.66	8.23	1.30	22♯	12.58	10.38	1.21
10♯	13.56	7.55	1.80	23♯	12.00	10.26	1.17
11♯	8.66	8.46	1.02	24♯	14.58	12.29	1.19
12♯	8.14	7.95	1.02	25♯	9.13	8.44	1.08
13♯	6.08	1.82	3.34	—	—	—	—

4. 涌浪爬高

表6.15给出了刚性滑坡与松散滑坡各试验组次的对岸涌浪最大爬高。对测得的对岸涌浪最大爬高与各影响因素进行极差与方差分析，得到对岸涌浪最大爬高随各因素的变化趋势。然后通过量纲分析及回归分析得到对岸涌浪最大爬高与显著影响其值的各因素之间的关系式。

由表6.14、表6.15可知，刚性滑坡试验时，首浪传播速度为20.14～84.88m/s；松散滑坡试验时，首浪传播速度为17.56～70.84m/s。由表6.14、表6.15可计算，刚性滑坡试验时，涌浪沿程平均百米衰减率为0.62～3.25m；松散滑坡试验时，涌浪沿程平均百米衰减率为0.16～2.06m。

表 6.15 刚性滑坡试验与松散滑坡试验对岸涌浪最大爬高

组次	刚性滑坡试验对岸涌浪最大爬高/m	松散滑坡试验对岸涌浪最大爬高/m	组次	刚性滑坡试验对岸涌浪最大爬高/m	松散滑坡试验对岸涌浪最大爬高/m
1#	5.66	3.12	14#	18.02	9.90
2#	8.49	5.24	15#	31.06	29.70
3#	12.61	8.42	16#	4.95	3.89
4#	12.73	12.90	17#	10.61	9.90
5#	18.14	16.08	18#	10.61	12.73
6#	5.66	4.60	19#	13.08	6.72
7#	7.07	3.18	20#	15.56	8.49
8#	14.85	10.61	21#	7.07	3.18
9#	12.73	14.85	22#	8.49	4.95
10#	14.85	13.44	23#	8.49	6.49
11#	5.66	5.66	24#	12.31	18.51
12#	6.36	6.36	25#	20.58	9.19
13#	11.90	6.24	—	—	—

6.3 小 结

针对三峡库区潜在高陡岸坡崩滑体开展了物理模型试验研究。试验条件采用正交试验设计；通过正交试验，得到相应的试验指标（首浪高度与对岸涌浪最大爬高）；并对试验指标采用正交表进行极差与方差分析，研究了试验指标随各因素的变化趋势及各因素对试验指标的显著性；然后，通过量纲分析及回归分析得到首浪高度与显著影响其值的各因素之间的关系式。由此，得到以下结论。

1）正交试验设计

整体崩滑体试验采用 $L_{49}7^8$ 正交表，7 因素 7 水平，7 因素为崩滑体长度（l）、崩滑体宽度（b）、崩滑体厚度（t）、受纳水体深度（h）、落差（Δh）、滑动面倾角（θ）及对岸坡角（α）。

散体崩滑体试验采用 $L_{25}5^6$ 正交表，5 因素 5 水平，5 因素为崩滑体体积（V）、受纳水体深度（h）、滑动面倾角（θ）、落差（Δh）、散体粒径（d）。

2）整体崩滑体试验成果

极差分析结果：首浪高度随受纳水体深度增大而减小，随其他因素的各自增大而增大；对岸涌浪最大爬高随各因素的变化趋势同首浪高度。

方差分析结果：对首浪高度有显著影响的因素依次为崩滑体宽度、受纳水体深度、落差、滑动面倾角、崩滑体长度、崩滑体厚度；对对岸涌浪最大爬高有显著影响的因素依次为崩滑体宽度、受纳水体深度、落差、滑动面倾角、崩滑体长度、崩滑体厚度。

量纲分析与回归分析：得到首浪高度与显著影响其值的各因素之间的关系式为 $\dfrac{H}{h}=0.667\left(\dfrac{\Delta h\,(1-f\cot\theta)}{h}\right)^{0.334}\left(\dfrac{b}{t}\right)^{0.754}\left(\dfrac{l}{t}\right)^{0.506}\left(\dfrac{t}{h}\right)^{1.631}$。

3) 散体崩滑体试验成果

极差分析结果：散体崩滑体试验首浪高度与对岸涌浪最大爬高随各因素变化趋势同整体崩滑体试验。

方差分析结果：对首浪高度有显著影响的因素依次为崩滑体体积、滑动面倾角、散体粒径、受纳水体深度、落差；对对岸最大爬高有显著影响的因素依次为崩滑体体积、滑动面倾角、受纳水体深度、散体粒径、落差。

量纲分析与回归分析：得到首浪高度与显著影响其值的各因素之间的关系式为 $\dfrac{H}{h}=0.605\left(\dfrac{\Delta h\,(1-f\cot\theta)}{h}\right)^{0.408}\left(\dfrac{V}{h^{3}}\right)^{0.323}\left(\dfrac{d}{h}\right)^{0.246}$。

针对三峡库区中等水深区滑坡体，采用正交试验方法设计试验组次，进行了刚性与松散滑坡的不同受纳水体深度、宽度、滑坡体体积、落差、入水角度等因素的滑坡涌浪物理模型试验研究。从中可以得到以下结论：

（a）涌浪形成。

刚性滑坡与松散滑坡涌浪形成过程基本一致，可分为滑坡体入水、涌浪形成、涌浪传播与衰减等三个阶段。

（b）首浪高度。

在试验范围内，刚性滑坡试验首浪高度随受纳水体深度、宽度的增大而呈减小趋势，随滑坡体滑动体积、落差、入水角度的增大而呈增大趋势。对首浪高度有影响的因素为滑坡体滑动体积、入水角度、受纳水体深度、落差、受纳水体宽度。首浪高度预测公式为

$$\dfrac{H_{r}}{h}=0.216\left(\dfrac{\Delta h\,(1-f\cot\theta)}{h}\right)^{0.216}\left(\dfrac{V}{h^{3}}\right)^{0.236}\left(\dfrac{B}{h}\right)^{-0.074}\delta^{-0.170}$$

在试验范围内，松散滑坡试验首浪高度随受纳水体深度、受纳水体宽度的增大而减小，随滑坡体入水体积、落差、入水角度的增大而增大。对首浪高度有影响的因素为入水角度、滑坡体入水体积、落差、受纳水体宽度、深度。浪高度预测公式为

$$\dfrac{H_{g}}{h}=0.535\left(\dfrac{\Delta h\,(1-f\cot\theta)}{h}\right)^{0.666}\left(\dfrac{V}{h^{3}}\right)^{0.249}\left(\dfrac{B}{h}\right)^{-0.610}$$

同样滑坡体尺度条件下，刚性滑坡体与松散滑坡体所产生的首浪高度之比为

1.01～4.92，表明滑坡体结构对首浪高度有较大的影响。

(c) 涌浪爬高。

在试验范围内，对岸涌浪最大爬高随受纳水体深度、受纳水体宽度的增大而减小，随滑坡体体积、落差、入水角度的增大而增大。

(d) 涌浪传播衰减。

在试验范围内，刚性滑坡体试验时，涌浪沿程平均百米衰减率为0.62～3.25m；松散滑坡试验时，涌浪沿程平均百米衰减率为0.16～2.06m。

第 7 章 崩塌滑坡涌浪原型物理相似试验研究

2012 年开展了三峡库区龚家坊崩滑体涌浪实例研究，还原 2008 年 11 月 23 日龚家坊崩塌涌浪现象，研究涌浪在三维深水峡谷河道地形的产生、沿程传播、衰减及爬坡规律，为三峡库区高陡岸坡崩滑体涌浪危害预测提供参考。

依据重力相似准则，1∶200 比例尺设计正态滑坡涌浪模型，以研究下述内容：进行龚家坊崩滑体涌浪试验，观测涌浪首浪高度、对岸爬高、涌浪沿程传播及爬高，研究涌浪沿程传播与衰减规律。

7.1 滑坡涌浪物理相似试验原理

最直观的相似是几何形状的相似。除了几何相似外，运动相似和动力相似是相似水波现象的三个相似特征。

在一种既定水波现象中，经常是某一种作用力起主导作用，而其他作用力只起次要作用。因此对一具体水波现象，就可以首先使其主要作用力相似，然后兼顾其次要作用力的相似要求即可。大量实验证明，这样做在相似准则上可以克服一些矛盾和困难，又可达到接近实际的近似相似。不仅满足了实际工作要求，而且在理论上也是允许的。本次研究的滑坡涌浪波是重力波，主要作用力是重力，因此采用重力作用下的相似准则。

在重力场中的原型与模型水流，作用力的方向是平行同向的，其作用力大小为

$$F=G=\gamma V=\rho g V \tag{7.1}$$

式中，V 为液体体积。

两相似水流中力的比例尺可写为

$$\lambda_F = \lambda_G = \frac{\rho_p g_p l_p^3}{\rho_m g_m l_m^3} = \lambda_\rho \lambda_g \lambda_l^3 \tag{7.2}$$

将上式带入模型水流满足的 $\dfrac{\lambda_F \lambda_t}{\lambda_m \lambda_v}=1$ 等式中，整理得到

$$\frac{\lambda_\rho \lambda_g \lambda_l^3}{\lambda_\rho \lambda_l^2 \lambda_v^2} = \frac{\lambda_g \lambda_l}{\lambda_v^2} = 1 \tag{7.3}$$

上式可写成

$$\frac{\lambda_v}{\sqrt{\lambda_g \lambda_l}} = 1 \tag{7.4}$$

这就是重力相似准则,在主要作用力为重力的条件下,两相似水流各比例尺间应满足的关系。上式可以写成原型量和模型量的关系,得

$$\frac{u_p}{\sqrt{g_p l_p}} = \frac{u_m}{g_m l_m} \tag{7.5}$$

式中,λ 为比例尺(比率);l 代表几何线性;u 为速度;下标 F 和 G 代表力和重力;下标 g 代表重力加速度;下标 p 表示原型;下标 m 表示模型。例如,l_p、l_m 为原型与模型的线性长度,可以是水深 h 或其他几何特征长度。于是上式等号两侧分别为原型与模型水流的 Froude 数,即

$$F_{rp} = F_{rm} \tag{7.6}$$

该式说明在重力作用下两水流的相似,要求两水流在对应点和对应时刻的 Froude 数相等。或者说,重力为主要作用力的两相似水流,具有 Froude 相等的性质。因此,重力相似准则又称为 Froude 准则(郑文康、刘翰湘,1999)。

因为原型与模型水流都在地球表面上运动,重力加速度变化较小,一般认为 $g_p = g_m$,即 $\lambda_g = 1$,则由水力学公式推导得到流速比例尺为

$$\lambda_v = \lambda_l^{0.5} \tag{7.7}$$

于是得到,流量比例尺

$$\lambda_Q = \lambda_v \lambda_A = \lambda_v \lambda_l^2 = \lambda_l^{2.5} \tag{7.8}$$

时间比例尺

$$\lambda_t = \frac{\lambda_l}{\lambda_v} = \lambda_l^{0.5} \tag{7.9}$$

力的比例尺

$$\lambda_F = \lambda_\rho \lambda_l^3 \tag{7.10}$$

压强比例尺

$$\lambda_p = \frac{\lambda_F}{\lambda_l^2} = \lambda_\rho \lambda_l \tag{7.11}$$

当原型与模型采用同一种液体时,若密度随温度变化忽略不计,则 $\rho_p = \rho_m$,即 $\lambda_\rho = 1$,则力的比例尺

$$\lambda_F = \lambda_l^3 \tag{7.12}$$

压强比例尺

$$\lambda_p = \lambda_l \tag{7.13}$$

其他物理量比例尺,如功、功率等比例尺关系也可导出。

上述各式是以重力为主要作用力的情况下导出的各种量的比例尺关系。可以看出，一般物理量比例尺都可用线性长度比例尺来表示。因此在进行模型试验时根据原型水流情况及实验室条件，一般先考虑选定长度比例尺，然后利用上述各式就可确定其他各物理量比例尺。

7.2 龚家坊涌浪物理模型的建立

7.2.1 河道及崩塌体模型

本文制作的物理模型是以龚家坊崩滑体为原型，模型比例尺 1∶200。当 1∶200 几何比例尺时，密度（重度）比例尺、速度比例尺、时间比例尺应当严格符合重力相似准则的要求，故上述参数依次设定为 1、1∶$\sqrt{200}$、1∶$\sqrt{200}$，其余参量比例尺均依据于此推导。模型范围：按照相似比，模型长 24m、宽 8m、设计高度为 1.3m（图 7.1），地形高程 30～220m，顶部留 0.1m 安全标高，留 0.2m 沙层于模型河床，河道模型长度取原始河道及两岸地形总长 4.8km（下游侧 0.8km，上游侧 4.0km）。模型制作上运用等高线法，等高线间距 10m，用水泥砂浆对模型表面进行抹平。试验中崩滑体滑动区域水下地形坡角取该斜坡水下段的平均值 54°。

图 7.1 河道模型及试验设备

基于该斜坡崩滑后的尺寸特征与等腰梯形类似，依据比例尺 1∶200 的要求，采用玻璃钢等材料制作成等腰梯形状崩滑体模型箱体，尺寸分别为 0.225m（上底)、0.97m(下底)、1.05m(高)、0.075m(厚)。由于碎裂结构是该斜坡体的岩体结构,破坏失稳后以小型岩块、碎屑入水。故试验中入水物质采用散粒体状碎石进行模拟。依据现场调查统计的碎石块度:80%的碎石粒度在25cm内,因此选择模拟的碎石主要参考粒度为25cm。按比例尺1:200要求,碎石相似材料的粒度应该为1.25mm。通过对多个备选模拟材料的密度、粒径等比选,最后认为最适合试验龚家坊的材料确定为大理石粗砂。颗粒筛分试验结果表明(图7.2):其中粒径为粗砂的占99.1%(0.5~2mm)、粒径为中砂的占0.9%(<0.5mm),80%以上粒度在1.5mm以内,基本满足相似准则要求。

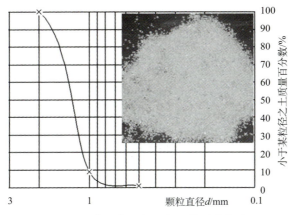

图7.2 崩塌体相似材料及其颗分曲线

7.2.2 试验测试系统

崩滑体模型块体的滑动入水过程通过先进的滑控装置得以实现,该设备装置具有上下可升降、倾斜角度可变化、前后可移动的优点,模型滑体可由电机直接牵引,设备最大载重量为300kg。试验中滑面的位置和角度可由液压控制系统进行操作(图7.3)。运用水位测针对静止水位进行量测。

为了捕捉首浪高度,采用编号为1#~6#的6个波高仪,以模型值为12cm的间距布置在斜坡失稳方向(涌浪产生、传播方向)上,在模型值误差允许范围内(±0.2mm),满足试验要求。同时将网格状高程背景板(分辨率5mm)放在该斜坡体上游侧1m处(模型值),下游挡墙正对背景板留有可视窗,

图7.3 滑动控制系统照片

运用 500 帧/s（采集速度）的高速摄像机对涌浪产生、传播过程进行记录。

为了观察和记录对岸涌浪爬高过程，在河道模型崩滑斜坡对岸绘制等高线，等高线间距为 2m，高程范围 140～200m，主要设置在对岸岸坡宽度 400m 的范围内，并运用高速摄像机在滑动控制设备下游进行拍摄。

为了分析涌浪传播过程中，河道三维形态对其影响的程度，沿河道深泓线在斜坡体上游布置编号 7#～15# 的 9 个波高仪进行量测、记录涌浪沿程传播过程。将崩滑体处设桩号 0+000m，其余桩号按顺序挨次为 0-287m、0-572m、0-838m、0-1144m、0-1496m、0-1797m、0-2135m、0-2628m、0-3164m。波高仪具体布置见图 7.4。

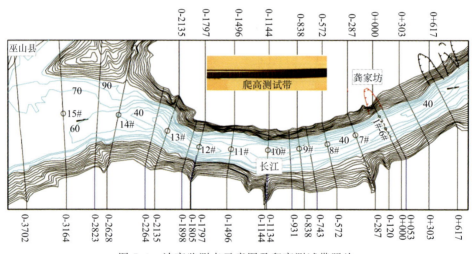

图 7.4 波高监测点示意图及爬高测试带照片

同时将 15 个监测断面（涌浪爬高）分别布置在模型河道两岸，将 0.5mm（分辨率）的爬高标记带粘贴在测试断面两侧。设置桩号顺次为 0+617m、0+303m、0-120m、0-287m、0-572m、0-838m、0-1134、0-1144m、0-1496m、0-1797m、0-1805m、0-2135m、0-2628m、0-3164m、0-3702m。这些断面包含有山脊和冲沟，爬高量测时运用水准仪和水准尺测量爬高测试带的水迹。

7.2.3 试验目的及试验组次方案

本次试验目的：①为了复演 2008 年 11 月 23 日龚家坊崩塌体失稳产生涌浪的全过程；②更加深入了解基于峡谷型河道地形的涌浪产生、传播和爬高过程及规律；③为数值模拟的波浪作用过程提供对比标准。

根据试验目的，制定了 4 组不同水位的涌浪试验。水位分别为 145m、156m、172.8m 和 175m。其中，172.8m 水位试验为复演龚家坊涌浪过程。试验过程中每组试验要进行反复多次试验，最终挑选出 2 次吻合度最好的数据，试验结果数据取这 2 次数据的平均值。

7.3 物理试验中龚家坊崩塌体入水速度估算

当松散体滑入水中时，运动体的质心速度很难获取。首先是很难在运动中确定质心的三维位置，特别是松散体在运动中是存在变形的。其次是，运动过程中松散体会不断进入水体，确定质心三维位置时水下部分也要考虑。因此，在试验中运动松散体的质心位置很难准确捕捉，计算其运动速度也就非常困难。在这一方面的研究进展相对缓慢。在瑞士联邦理工学院（ETH）的冰川水力试验室（VAW），Fritz（2002）和 Heller（2007）开展了松散体入水涌浪波试验，他们利用了激光测距传感器（LDS）、粒子成像测速技术（PIV）、电容式波高仪（CWG）和高速摄像机等进行实验观测。但在分析入水速度时，他们仍然使用了Körner（1976）的能量法公式（7.14）进行计算，即

$$V_s = \sqrt{2g\Delta z_{sc}(1-\tan\delta\cot\alpha)} \tag{7.14}$$

式中，V_s 是质心入水速度，m/s；g 是重力加速度，m/s²；Δz_{sc} 是质心与水面的垂直高程差，m；δ 是动摩擦角；α 是冲击角度，(°)。在本次试验中 δ 为 45°，α 为 54°。

这一等式在动摩擦角中综合考虑了松散体相互碰撞的能耗，但忽略了水和空气对散粒体的阻力，因此计算所得的质心速度会偏大，只能用于参考。当水位是172.8m 时，质心落差为 83.2m；当水位是 175m 时，质心落差为 81m；当水位是 156m 时，质心落差为 100m；当水位是 145m 时，质心落差为 111m。通过公式（7.14）可分别计算出 175m、172.8m、156 m 和 145 m 时松散颗粒体的入水冲击速度，分别为 20.8m/s、21.1m/s、23.2m/s 和 24.4m/s。这一速度与 4.1.1 中根据影像资料计算的 12m/s 左右速度相比偏大，与分析一致。同时也说明，试验中松散颗粒体入水速度与实际情况基本相符。

7.4 龚家坊涌浪过程规律研究

通过物理试验的结果可以更准确地理解涌浪形成、传播及爬高过程，可以定量化分析涌浪的形成、传播和爬高规律。为了便于更好地理解试验结果，试验模型结果根据 Froude 相似准则转化成了原型值，以下数据均为原型值。

7.4.1 172.8m 水位涌浪试验结果与试验有效性验证

172.8m 水位涌浪试验得到了一系列的波浪量测数据。172.8m 水位时散粒

体入水产生的涌浪在河道中最大高度为 17.4m，对岸山脊处最大爬高为 20m，正对岸的冲沟内爬高为 36m。图 7.5 为 172.8m 水位涌浪爬高试验结果与野外爬高调查值的对比结果。除了试验结果与现场调查的崩滑体在对岸 12m 的爬高有较大出入外，总体上试验数据与调查数据具有较好的吻合性。通过对其相关性的分析表明：相关系数 0.949，平均相差不到 10%。

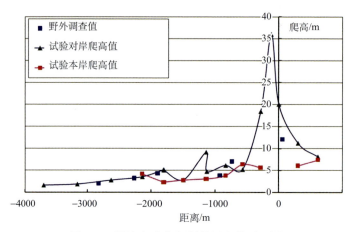

图 7.5　涌浪实验值与野外调查值对比图

根据 4.1.1 节影像捕捉到的波浪特征可知，河道内最大浪高约 31.8m。涌浪试验得到的最大浪高 17.4m 与之相差 14.4m。有以下 3 种主要原因造成这种结果：①物理试验中的尺寸效益（例如，尺寸效益带来的表面张力等影响）会造成试验结果偏低。②当试验中产生过高的波浪时（波的高度与宽度比超过 7 时），波浪就会破碎，形成正常的波浪。而试验中判断的涌浪高度是以传播开始后的最大浪高来确定的，亦即破碎后的波浪高度或形成传播浪后的高度。因此，在试验室里观测到的最大浪高比实际中的最大浪高要偏低。③物理相似试验简化造成的误差。龚家坊涌浪是碎裂岩体产生的涌浪，试验实际采用的是平均粒径（D50）相似，试验用的级配与实际的级配不相同，特别是剔除了大颗粒，这也会造成形成的涌浪偏低。④4.1.1 中利用照相机影像资料按照统一比例尺分析浪高时，浪高计算估计偏高。在这 4 种原因中，第 2 个和第 4 个是最大的可能因素。

总体来看，物理试验的结果与实际调查结果具有较高的相关系数，两者数值接近。物理试验结果是有效的，是能反映龚家坊涌浪真实过程的。

7.4.2　龚家坊涌浪作用过程分析

不同的水位下崩塌造成了不同的涌浪高度。但是试验中涌浪的形成、传播和爬高过程或机制是相同的，通过本次系列物理相似试验观察取得了一些独特的认识。

1) 崩塌运动方向上涌浪的形成过程

观察发现：两个相对较大的波峰会在碎裂岩体失稳入水后形成，这个现象通过四组试验得以充分证明（图7.6）。观察发现，第一个波峰是崩塌体尚未完全入水时产生的，第二个波峰是崩塌体完全入水甚至是大部分停止后产生的。产生这两个波峰后，传播方向以滑动方向为主。模型中1♯～6♯波高仪沿滑动方向布置，用以监测该河道的波高变化情况。以156m的1♯～6♯波高仪记录数据为例，两个大的波峰过后，波浪严重衰减，波形向复杂化过渡。这说明两个由于冲击形成的简单波形慢慢被反射波所叠加，波浪叠加后波幅变小。这是由于滑动方向上河面宽度非常有限，涌浪波长较大，造成1～2个波峰后（20s左右），波浪已抵达两边河岸，反射波就开始出现。因此，在涌浪产生区河段波的反射最先发生，叠加最为复杂，河面形态最复杂，河道也最不易恢复平静。该河段后期水面质点浪向分散，大大削减了波幅。

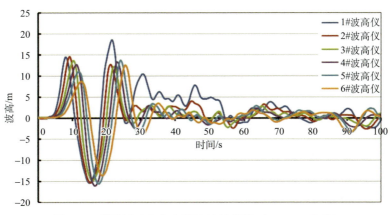

图7.6 崩塌运动方向上涌浪波过程线（172.8m水位）

2) 河道方向上涌浪的传播过程

通过河道泓深线上依次分布的7♯～15♯波高仪，可以深入了解波浪在河道上的传播和相互作用过程。由于4组试验该过程规律一致，因此以172.8m试验数据为例进行分析说明。

图7.7中绿色部分为涌浪尚未到达时，河面的平静期。黄色部分反映了崩滑体入水产生的两个较大波峰随传播空间的推进，波峰叠加的过程。两列较大涌浪波峰（以下称为首浪）向上游传播、衰减，通过观察二者通过叠加形成一次浪向上游进行传播、衰减的位置在12♯波高仪附近（桩号0-1797m）。

涌浪波到达河道固壁处将产生反射效应，之后反射波随之会参与波的传播。

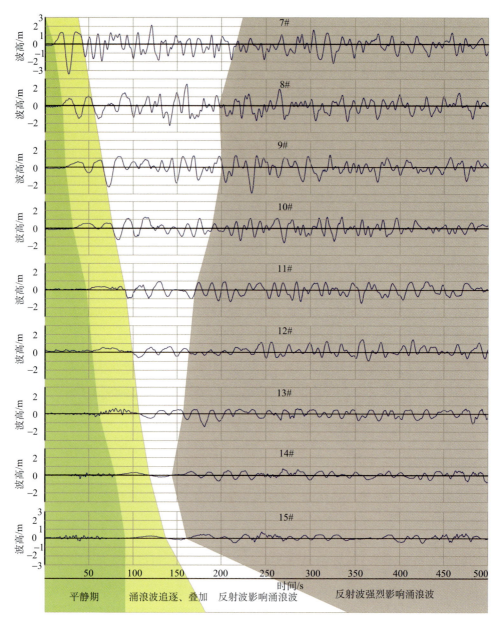

图 7.7 172.8m 水位下 7#～15# 波高仪水位过程线

图 7.7 中白色部分为反射波开始参与波的传播，但此时涌浪波的能量大于反射波的能量，因此波形多为波叠加后的波群样式。波群的包络线的周期较大，振幅也与首浪相当，包络线形态主要还是首浪的形态。大多数波高仪记录，反射波叠加

后产生了比该处首浪波峰更大的波峰。这一时期，其实是强的涌浪波受弱的反射波影响。

图 7.7 中灰色部分则显示了能量相当的涌浪波与反射波进行叠加后的波高过程线。经过一段时间的传播衰减后，涌浪波能量下降，与反射波叠加不再形成波群。波的周期变得不稳定，总体上频率加快，振幅逐渐变弱，波形变得复杂、不规则。这一时期，反射波强烈影响涌浪波，慢慢起主导地位。

通过观察浪高过程线（单个波高仪）的特征看，波形简单、周期大（>30s）、波幅大是初始两列涌浪波的显著特点。慢慢地两列波出现叠加现象，大波形中出现小的振幅。当两列较大的涌浪波叠加后，波形复杂化，但波幅较稳定。当放射波与这些波出现重叠后，波的频率显著增快，波幅变得不稳定，波形复杂凌乱。波高仪详细记录了波浪相互作用的复杂过程：包括波浪的相互追逐、叠加、后期反射波的叠加以及逐渐增强的过程。

崩塌体冲击产生的两个涌浪波峰为什么发生追逐呢？这一问题，可利用传播速度进行解释。利用浪头、辅以高速摄像机影像记录，对涌浪传播速度进行分析，崩滑斜坡附近（桩号 0+000m～0-287m）第一列涌浪的传播速度为 40～60m/s，接着第二列涌浪传播的速度为 20～25m/s；次远区（0-287m～1496m），第一、二列涌浪传播速度分别为 29～35m/s、21～30m/s；而远区（0-1496m～0-3164m），通过解算其传播速度变为 24～40m/s。由以上数据表明：第一列涌浪波速度在传播过程中逐渐减小，第二列涌浪波速度在传播过程中逐渐增大，最终在桩号 0-1797m 附近两列波进行了叠加，以一个主峰浪的形式进行传播。

根据高速摄像机拍摄的画面，利用浪头来分析波浪传播速度。崩滑体近区（0+000m～0-287m），第一、二列涌浪传播速度分别为 40～60m/s、20～25m/s；次远区（0-287m～1496m），第一、二列涌浪传播速度分别为 29～35m/s、21～30m/s；远区（0-1496m～0-3164m），涌浪传播速度为 24～40m/s。由此可知，第一列涌浪传播速度沿程呈减小趋势，第二列涌浪传播速度沿程呈增大趋势，这才造成了第一、二列涌浪在桩号 0-1797m 附近叠加，形成一个主峰浪的特殊现象。

在涌浪的传播过程中，将其衰减高度差与传播距离值的比值定义为涌浪衰减率。通过实地调查、试验结果统计表明，涌浪衰减的幅度在产生区快，远区慢（汪洋、殷坤龙，2008；殷坤龙等，2008）。试验中桩号 0+303m～0-287m（涌浪产生区），第一列涌浪波衰减率为 47.6‰～56.1‰，第二列涌浪波的衰减率为 26.1‰～47.6‰；次远区（0-287m～0-1797m），第一列涌浪波衰减率为 0.6‰～1.2‰，第二列涌浪波的衰减率为 0.5‰～1.2‰；桩号 0-1797m～0-3164m（远区）衰减率为 0.1‰～0.5‰。涌浪波衰减最快区域依旧为产生区，100m 的传播距离浪高损失 5m 左右；为传播过程中的急剧衰减区。随着传播距离的拓展，衰减速率逐渐变小,在次远区100m的传播距离内浪高损失约0.1m;在更远区100m的传播距离内浪高损失仅约0.05m,为传播过程中的缓慢衰减区。通过衰减率对两列波进行分析得出,第一列波相对较高,衰减速度极快,可能其主要原因为崩塌体刚入水时交换给水体的能量较小。

3) 涌浪爬高规律分析

如图7.8和图7.9所示,随着距离扰动点越来越远,最大爬高值总体是下降的。但是,其下降不是稳定的直线形下降,而是波浪形下降。这是因为一个点的最大爬高值不仅取决于河道最大浪高和波浪传播角度,而且与该点浅水区的微地貌有较大关系。因此,传播距离只是影响爬高的一个因素。很明显,各水位下最大的爬高都处于对岸的沟谷内。各水位下,在负地形处(如沟谷里)的爬高一般高于附近正地形(如山脊)处的爬高。造成这一原因的是:涌浪进入冲沟等负地形后,受到地形的影响,其能量难以在横向上得到扩散,进而转化为沿较大的沿冲沟等负地形纵向上爬升的势能,部分斜向方向波浪的传播被迫转为垂直方向的传播,水波爬升较大。

此外,图7.8展示了河道中泓深线的波浪高度均低于对应的河岸爬高值。负地形爬高较大的原理同样适用于解释这一结论。河道泓深线一般是河道的最深处,当波浪从这一区域向河岸滩上传播时,水深减少。波浪传播时,斜坡阻挡了波浪的横向传播,部分能量的传递受到斜坡阻挡而转向垂直方向,这导致了波浪进入浅水区后的爬升。

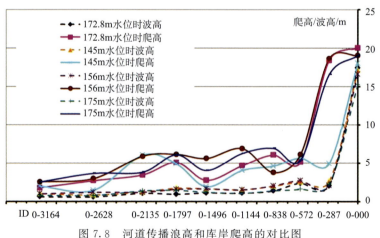

图7.8 河道传播浪高和库岸爬高的对比图

通过各组试验的现场观察、量测及爬高趋势图表明(图7.8):涌浪爬高同样存在衰减过程,也可以划分出急剧衰减区以及其相对应的平缓衰减区。之所以产生这种现象,是因为涌浪在传播过程中存在这两个衰减区域。但两者有着显著

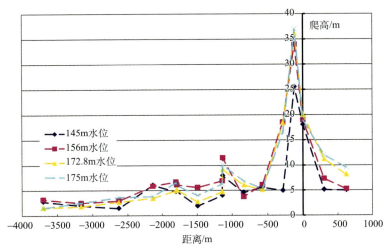

图 7.9 不同水位爬高值图

差别，涌浪爬高受到微地形的强烈影响，尤其是冲沟、凹槽等负地形，涌浪在这些区域的爬高极其明显。由此可知，涌浪爬高的衰减极其复杂，衰减状况与地形地貌密切相关，不易量化。在 4 组试验中这一爬高规律都得以体现。

7.5 不同水位下产生涌浪的高度差异分析

从不同水位下涌浪试验得到了各水位的最大涌浪高度，详见表 7.1。从表 7.1 可见，第一列波峰高度因为水位的上升，波峰高度有起伏，而第二列波峰因为水位上升，总体有上升的趋势略有起伏。145～175m 试验条件下涌浪高度的变化值低于 2.2m，幅度为 14.5%。由于水位及波幅变化值较小，其规律性体现不强。

表 7.1 不同水位涌浪高度值列表

水位/m	第一列波		第二列波		0+000 桩号最大爬高/m	河道中最大爬高/m
	波幅/m	衰减率	波幅/m	衰减率		
145	17.10	50.4	9.60	26.1	18.0	25
156	16.59	50.5	12.83	39.1	19.0	34
172	17.40	56.1	14.40	45.4	20.0	36
175	15.20	47.6	12.00	36.0	19.0	37

从正对岸 0+000 桩号的爬高来看，正对岸爬高有略微增加的趋势。在正对岸旁侧的冲沟内（桩号 0-120）一般有河道内最大的爬高，其值随着水位的增高有明显的增大趋势。随着 30m 水位的上升，正对岸的爬高变幅约 5.56%，河道内最大爬高的增幅约 48%。

总体来看，除了对岸沟谷内爬高最大外，最大浪高和其他区域爬高的变幅都不大。其可能原因是，30m 水位变幅占总体水深（110～140m 水深）为 27.3%～21.4%，水深变幅不是很大。这一现象说明，三峡库区不同水位下龚家坊崩塌体发生破坏，沿岸的爬高值和浪高值变化幅度不大，其破坏范围并不会大幅下降或大幅上升。

7.6 小　　结

通过物理模型对三峡库区龚家坊崩滑体进行了滑坡涌浪传播衰减规律的试验研究。从中得到以下结论。

(1) 按照 1∶200 比例尺，依据重力相似准则，建立了一个长 24m、宽 8m、高 1.3m 的物理实体模型，以模拟 4.8km 河道内的涌浪形成情况。龚家坊崩塌体采用 D_{50} 为 1.47mm 的大理石粗砂，模拟崩塌体形状为等腰梯形。模拟河道为平静河面，没有自然流速。采用 6 支波高仪记录滑动方向上涌浪过程，9 支波高仪记录河道上传播浪过程，15 个爬高监测点测量最大爬高，2 台高速摄像机分别拍摄涌浪形成过程和对岸爬高过程。物理试验复演了 172.8m 水位时龚家坊崩塌涌浪，得到最大涌浪高度为 17.4m，将试验数据与调查数据对比，相关系数为 0.949，平均相差不到 10%，证实了该物理模型试验的有效性，可以用于研究龚家坊涌浪相关规律。

(2) 145m、156m、172.8m 及 175m 水位的龚家坊系列涌浪试验结果表明，两列初始涌浪波在产生区形成，在传播区叠加。传播浪和反射波能量的消长和相互作用也能从波高仪数据中判断。试验数据表明在滑坡入水区域的上下游附近涌浪衰减最快，随着距离扰动点越远衰减越慢。涌浪及其爬高在河道的衰减，明显可分为急剧衰减区和缓慢衰减区。

通过龚家坊崩塌体产生涌浪的系列试验，取得了大量的数据，研究了龚家坊崩塌体产生涌浪的全过程。但同时，也发现物理试验方法存在一些不足。

(1) 在小比例尺时尺寸效应问题一定不能忽视。这造成在试验比例尺选择上，滑坡涌浪物理试验以大于 1∶200 比例尺为主。比例尺变大后，直接造成大范围长距离的物理模拟占地大，花费高。

(2) 建造河道物理模型的时间一般较长，且建造的河道模型为固定式模型，进行相应的改变后需重新建造河道模型。因此，物理模型的建设周期和试验周期相对来说较长。

（3）物理试验模型由于是概化的河道和滑坡模型，模型的边界条件、动力条件等等简化因素都会产生模型效应。比较典型的是，河道的上下游在试验时虽采用了消能措施，但还是会产生反射和折射波，这是典型的模型效应之一。模型效应问题需要试验者进行分辨哪些是人为的（模型效应造成的），哪些是自然演化的，同时还必须清楚，模型效应对试验结果的影响程度。

（4）崩塌体或滑坡体的运动模拟是涌浪试验的动力来源，但在这一类型的物理试验中滑坡崩塌进行了大量的简化，只能做到速度和入水形态的相似或类似。

（5）受物理试验的场地所限，一般模拟的河道长宽有限。虽然物理试验的结果较准确，但物理试验的周期长，面对突发的滑坡崩塌涌浪隐患评估时，很难迅速得到结果。同时，得到的试验结果范围有限。因此，该方法应用于应急预警，区划预警区域，基本无法完成任务。

物理试验在应对应急预警时有较多不足，但数值计算可以很好地解决周期长、花销大、评价区域小、评价时间长的问题，其形成的结果直观，非常有利于滑坡涌浪灾害应急预测预警，与物理相似试验可进行很好的互补。

附图7.1 145m水位下各波高仪数据

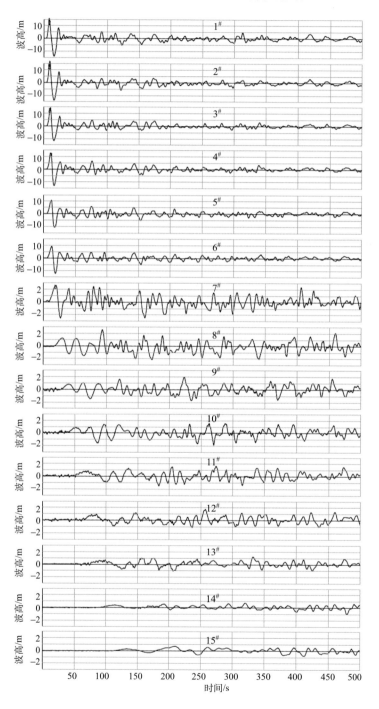

附图 7.2　156m 水位下各波高仪数据

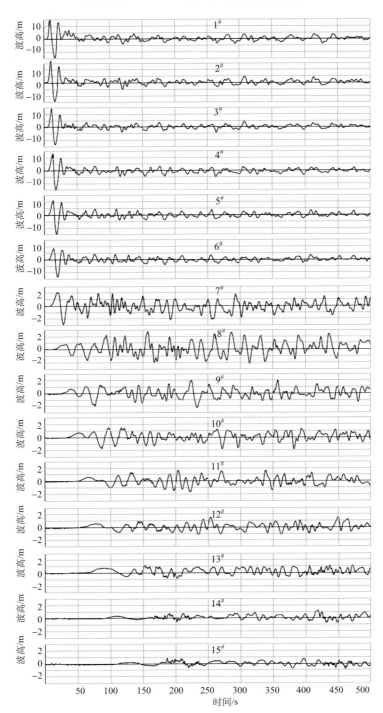

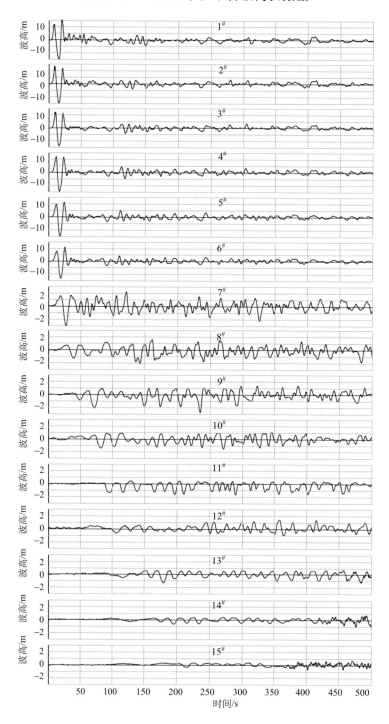

附图 7.3　175m 水位下各波高仪数据

第8章 滑坡涌浪公式计算方法研究

涌浪公式法计算是目前计算涌浪爬高最重要的手段。公式法简单、快捷，在工程实践快速评估和崩塌滑坡涌浪应急评估中有着十分重要的地位。但是，涌浪快速评估时，一般不能只评估最大涌浪高度，还要评估稍远重要区域的涌浪情况。为解决这一全河道涌浪快速评估问题，可建立公式体系来完成。

物理相似试验表明，水波的三个阶段不可分割。涌浪波的产生、传播和爬坡三个阶段的波浪高度值主要受入水岩土体的几何尺寸（如长度 l、宽度 b、厚度 s、体积 V）、滑动入射角（α）、岩土体最大冲击水体速度（u）、水深（h）、传播半径（r）、传播角（γ）、爬坡坡角（β）等影响因素的控制。最大涌浪波或初始涌浪波特征、波浪的传播特征及爬高值都得到了大量的研究，形成了大量的波高、波速、波周期等公式。本次研究基于涌浪作用过程的三个阶段，建立了公式体系方法来计算涌浪产生、传播和爬高全过程。同时，建立的公式体系可用于快速评估库区滑坡涌浪灾害风险。

8.1 滑速经验公式收集整理

地质灾害体的速度计算问题一直是一个比较复杂的问题，一方面，计算时要考虑灾害区的地形地貌、岩土体和软弱带的强度参数等条件，同时还要考虑运动过程中滑动带参数的变化及滑块受力条件的变化等。

1）美国土木工程师协会推荐法

$$V_s = \sqrt{1 - \frac{f}{\tan\alpha} - \frac{cl}{W \cdot \sin\alpha}} \cdot \sqrt{2gH} \qquad (8.1)$$

式中，α 为滑面倾角；W 为滑体单宽重量；c 为滑动时滑面抗剪强度参数；H 为滑体重心距离水面的位置；l 为滑块与滑面接触面长（沿滑动方向）；V_s 为滑块滑速。

$$V_r = \frac{V_s}{\sqrt{gH_w}} \qquad (8.2)$$

式中，H_w 为水深，m；g 表示重力加速度，m/s²；V_r 为相对滑速。

2）谢德格尔法

谢德格尔法是在能量法的基础上考虑了滑坡体积效应，是对能量法的一种修正。他根据33个滑坡的调查资料发现，滑坡的体积和等价摩擦系数（fe）在对数坐标上呈直线关系。所谓等价摩擦系数系指滑坡断壁冠与趾尖连线的斜率，又称为架空坡斜率（Heim，1932）。

大型滑坡此值降低很多，当滑坡超过百万 m^3 时，用下式估算，即

$$\lg fe = a\lg V + b \tag{8.3}$$

式中：V 为体积；$a=-0.15666$；$b=0.62219$。据 V 求出 fe 后，按下式计算滑速，即

$$V_s = \sqrt{2gH} \cdot \sqrt{1-fe\cot\alpha} \tag{8.4}$$

式中，α 为滑面加权平均倾角，（°）；

H 为滑体重心落差，m；

fe 为滑面摩擦系数。

3）模型公式法

Slingerland 和 Voight（1979）在 Libby 坝、Mica 坝河 Koocasusa 湖模型试验资料的基础上给出了最大涌浪高度与无量纲动能之间的经验公式，即

$$V_s = V_0 + \sqrt{2gs(\sin\beta - \tan\varphi s \cdot \cos\beta)} \tag{8.5}$$

式中，V_0 为初速度；

s 为滑动距离；

$\tan\varphi s$ 为系数，$\tan\varphi s = 0.25\pm0.15 = 0.1\sim0.4$ 之间。

4）潘家铮算法（潘家铮，1980）

水库岸坡变形基本上属于垂直变形类型，按垂直变形计算。

滑落速度按下式计算，即

$$V = L_0\sqrt{2gH} \tag{8.6}$$

式中，L_0 为与多因素有关的系数，一般为 $0.4\sim0.75$；H 为重心距水面高度。

8.2 公式体系中的涌浪计算公式收集与整理

1. 最大浪特征值计算方法

大量的物理试验和野外观测表明，滑坡涌浪波的波长与水深比在2和20之间，属于一中长波类型。涌浪水质点运动形式一般为椭圆形，涌浪波速一般只与河道水深有关；在深度方向上，椭圆轨迹逐步扁平而小，河床上的点运动平行于河床地形。式（8.7）为波速计算式（Heller，2007）。若滑坡涌浪波类型为孤立波，根据波浪理论其波高为1.25倍的波幅 a，即

$$c = [g(h+a)]^{1/2} \tag{8.7}$$

首浪（最大涌浪波）的周期计算问题较少有研究。Heller 根据 Fritz（2002）、Zweifel 等（2004）及他本人 2007 年的物理试验结果进行了波浪周期的分析，认为涌浪波的周期 T 可用式（8.8）来表达，该公式计算结果与上述试验结果相关性（r^2）为 0.93。同时，可利用式（8.9）来计算涌浪波的波长，即

$$T = 9P^{1/2}(h/g)^{1/2} \tag{8.8}$$

$$L = Tc \tag{8.9}$$

式中，T 为周期，s；c 为波速，m/s；L 为波长，m；P 为波浪冲击参数。一般采用式（8.10）进行计算，它是计算最大涌浪高度和传播浪高的重要参数，即

$$P = FS^{1/2}M^{1/4}\{\cos[(6/7)\alpha]\}^{1/2} \tag{8.10}$$

最大涌浪一般形成于涌浪的产生区。最大涌浪一般具有高度的非线性，形状上更像一面三角形扁片水墙。在传播区，涌浪形态趋于正常简单正（余）弦波形。同时，滑坡崩塌的失稳模式和入水方式控制着涌浪的大小、形态和位置等特征。采用不同的概化物理相似试验，国内外学者推导了由各影响因素控制的无量纲最大涌浪高度函数式。

1）美国土木工程协会推荐法

美国土木工程师协会推荐用崩滑体平均厚度 H_s 与落点处水深 H_w 之比 H_s/H_w 和图 8.1 求出落水点处的最大波高。

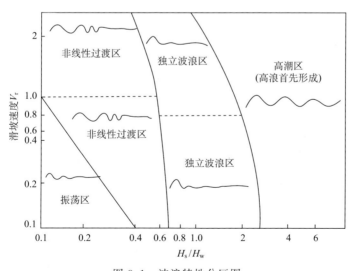

图 8.1 波浪特性分区图

然后由图 8.2，根据 V_r 值可先求出滑体落水点（$X=0$）处的最大波高 H_{max}。

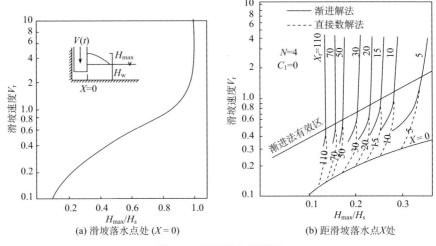

图 8.2　滑坡涌浪预测图

2) Slingerland 和 Volght 法（S & V 法）

Slingerland 和 Volght（1979）在总结美国利比坝、麦卡坝和口卡素飒湖模型和原型试验结果的基础上，提出了最大涌浪高度与无量纲的滑坡动能之间的计算公式，即

$$\log(a_{\max}/h) = -1.25 + 0.71\log(KE) \tag{8.11}$$

式中，$KE = 0.5\,(l \cdot s \cdot b/h^3)\,(\rho/\rho_\text{水})\,(u^2/(g \cdot h))$；$l$ 为滑坡长度，m；s 为滑坡厚度，m；b 为滑坡平均宽度，m；h 为水深，m；ρ 为滑体密度，g/cm³；$\rho_\text{水}$ 为水的密度，g/cm³；u 为滑速，m/s；a 为首浪高，m。

3) 水科院公式法

中国水利水电科学研究院在湖南拓溪水库岩塘光滑坡涌浪调查资料和大量试验的基础上，提出了入水点最大涌浪高度计算公式，即

$$a_{\max} = k\frac{u^{1.85}}{2g}V^{0.5} \tag{8.12}$$

式中，k 为综合影响系数，取平均值 0.12；V 为滑体体积，$\times 10^4$ m³；u 为入水速度，m/s。

4) Noda 法

Noda（1970）针对滑坡涌浪的单向流情况，考虑模型为不可压缩、无黏性半无限长水体，边壁发生水平移动。将水力模型线性化、简化后得出了模型的涌浪理论解。其涌浪最大值的表达式为

$$a_{\max} = 1.32h\frac{u}{\sqrt{gh}} \tag{8.13}$$

式中，a_{max} 为最大涌浪高度，m；u 为滑速，m/s；h 为水深，m。

5）潘家铮法

潘家铮法是现行许多规范和技术要求进行涌浪分析的方法。潘家铮假定初始涌浪首先在滑坡入水处产生，然后向外传播。其计算模式按岸坡运动方向分为水平运动和垂直运动两种。当岸坡入水的运动以水平运动为主时，最大初始涌浪可表示为

$$\xi_0 = 1.17 h \frac{u}{\sqrt{gh}} \tag{8.14}$$

当岸坡入水的运动以垂直运动为主时，最大的初始涌浪可表示为

$$\xi_0 = h \cdot f\left(\frac{u'}{\sqrt{gh}}\right) \tag{8.15}$$

式中，ξ_0 为初始涌浪高度，m；u 为水平滑速，m/s；u' 为水平滑速，m/s，h 为水深，m。

垂直运动中 f 函数关系可分段表示为：

Ⅰ．当 $0 < \frac{u'}{\sqrt{gh}} \leq 0.5$ 时，$\xi_0 = h \cdot \frac{u'}{\sqrt{gh}}$。

Ⅱ．当 $0.5 < \frac{u'}{\sqrt{gh}} \leq 2$ 时，$f\left(\frac{u'}{\sqrt{gh}}\right)$ 呈曲线变化。

Ⅲ．当 $\frac{u'}{\sqrt{gh}} > 2$ 时，$\xi_0 = h$。

6）Noda 物理试验公式

Noda（1970）通过大量物理试验推导了以下涌浪预测公式，即

$$\eta = F\lambda \tag{8.16}$$

式中，η 为波高，m；$F = \frac{V}{\sqrt{gd}}$，V 为滑速，m/s；d 为水深，m；λ 为滑体最大厚度，m。

7）Huber 和 Hager 法

Huber 和 Hager（1997）通过大量的物理概化滑块试验，得到了最大波高公式为

$$H_{max} = 0.88 \sin\alpha \, (\rho_s/\rho)^{0.25} \, (V/b)^{0.5} \, (d/x)^{0.25} \tag{8.17}$$

式中，H 为波高，m；α 为滑面加权平均倾角，(°)；ρ_s 为滑体密度，g/cm³；ρ 为水的密度，g/cm³；V 为滑体体积，m³；b 为滑体宽度，m；d 为滑体水深，m；x 为滑动距离，m。

8) Zweifel 法

Zweifel（2007）年在 Fritz 等（2003）的物理试验平台上，概化了土体或崩塌堆积物等岩土体在入水过程中几何形状发生变化的滑坡涌浪模型，同时增加了岩土体的密度变量，分析得到了预测公式（8.18），该公式与试验观测值吻合较好，相关性系数 0.93。

$$a = \frac{1}{3} F S^{1/2} M^{1/4} h \qquad (8.18)$$

其中，F 为弗雷德滑动相似系数，$F = u/(gh)^{1/2}$；S 为滑体相对厚度，$S = s/h$；M 为相对质量，$M = \rho v/(\rho_{水} bh^2)$。

9) 项目所得计算公式

第 6 章利用大量高角度、高滑速的滑块入水涌浪物理试验，回归推导了最大涌浪波幅的计算公式。这些公式与物理试验结果吻合程度很高。它能计算高速滑块在深水及中等水深区产生涌浪的波幅。

深水区整体首浪高度预测公式：

$$\frac{H}{h} = 0.667 \left(\frac{\Delta h (1 - f \cot\theta)}{h}\right)^{0.334} \left(\frac{b}{t}\right)^{0.754} \left(\frac{l}{t}\right)^{0.506} \left(\frac{t}{h}\right)^{1.631} \qquad (8.19)$$

深水区散体首浪高度预测公式：

$$\frac{H}{h} = 0.605 \left(\frac{\Delta h (1 - f \cot\theta)}{h}\right)^{0.408} \left(\frac{V}{h^3}\right)^{0.323} \left(\frac{d}{h}\right)^{0.246} \qquad (8.20)$$

中等水深区刚性滑坡首浪高度预测公式：

$$\frac{H}{h} = 0.216 \left(\frac{\Delta h (1 - f \cot\theta)}{h}\right)^{0.216} \left(\frac{V}{h^3}\right)^{0.236} \left(\frac{B}{h}\right)^{-0.074} \delta^{-0.170} \qquad (8.21)$$

中等水深区松散滑坡首浪高度预测公式：

$$\frac{H_g}{h} = 0.535 \left(\frac{\Delta h (1 - f \cot\theta)}{h}\right)^{0.666} \left(\frac{V}{h^3}\right)^{0.249} \left(\frac{B}{h}\right)^{-0.610} \qquad (8.22)$$

式中，H 为首浪高度，m；h 为受纳水体深度，m；Δh 为崩滑体前缘至水面落差，m；f 为滑动面与崩滑体之间的摩擦系数；θ 为滑动面倾角；b、t、l 分别为崩滑体宽度、厚度、长度，m；V 为崩滑体体积，m³；d 为散体粒径，m；B 为受纳水体宽度，m；δ 为滑坡体淹没度，介于 0 和 1 之间。

2. 传播浪最大波高计算方法

物理试验和数值模拟均表明，随着距离扰动点越远，传播浪高逐步减少；同时，涌浪波河道内具有不同衰减区域，平行传播或平缓衰减区波高衰减较慢。Slingerland 和 Volght（1979）分析美国 Libby 坝观测资料后提出了传播浪高度与传播距离的函数关系。潘家铮（1980）以滑坡入水点为起点，根据水波和距离的衰减规律，得出了任意位置的河段中心点传播浪高度计算公式。同时，一些国内外的研究者采用阶段函数的表达形式对涌浪传播进行数学描述。Kamphis 和 Bowering（1971）将涌浪波分为稳定波高和非稳定波高，并将这一分界线定在 37 倍的水深处。王育林等（1994）等将分段界线定为传播距离 1000m；汪洋和殷坤龙（2008）将涌浪在河道中的衰减区域分为急剧衰减区与缓慢衰减区，两区域的界限点定在距离扰动点 50 倍水深处。

物理相似试验观测数据和数值模拟结果显示，波浪进入了缓慢衰减阶段是在最大涌浪波传播了 3~5 个波峰左右后。王育林等（1994）以长江三峡链子崖危岩体为研究对象进行了大量阻力相似和重力相似的大比尺物理相似试验，获得了河道涌浪的二段式计算函数。通过对该二段式分段函数的过渡区域进行演算发现，在 $x=1000m$ 左右时两函数计算结果有比较大的出入，主要表现在 x 略大于 1000m 时文献中公式（2）计算的结果会大于用 x 略小于 1000 时文献中公式（1）的计算结果。利用该二段式函数，重新厘定函数的分界线时发现当 $x=600m$ 时，两函数计算结果基本相等。在数值模拟结果中，急剧衰减区为扰动点上下游 500m 左右。参考这些数据，公式法计算中急剧衰减区和平缓衰减区的分界线定在距离入水点 600m 处。

根据 Huber（1980）的试验成果，Huber 和 Hager（1997）认为涌浪波在河道传播过程中存在两种传播方式：环状传播和平行传播。环状传播主要在涌浪形成区，为急剧衰减区域；平行传播主要在自然河道传播区，为平缓衰减区域。他们提出了式（8.23）、式（8.24）来计算环状传播区的河道各质点最大波高和周期，即

$$\frac{H(r,\gamma)}{h}=1.67\sin(\alpha)\cos^2\left(\frac{2\gamma}{3}\right)\left(\frac{\rho}{\rho_{水}}\right)^{1/4}[v/(bh^2)]^{1/2}(\gamma/h)^{-2/3} \quad (8.23)$$

$$T(g/h)^{1/2}=15\left(\frac{H}{h}\right)^{1/4} \quad (8.24)$$

式中，r 为小于 600m 的径向距离；γ 为滑动方向与径向的夹角。

Heller（2007）综合分析了 Fritz（2002）、Zweifel（2004）等一系列试验结果认为：平行传播时涌浪衰减平缓，且垂直于河道的平行线上质点的波高特征相类似，可用中心点波高代替，这种涌浪衰减类似于沿程水体损失。他提出了式（8.25）来计算平行线上河道中心点的最大波幅值，该公式预测值和上述试验结果吻合性好，其相关性系数（r^2）为 0.84，即

$$H(x)=(3/4)(PX^{-1/3})^{4/5}h \quad (8.25)$$

其中，$X=x/h$，x 为计算点沿河道中心线至涌浪绕动点的距离。

在水力学中，当水流沿直线水槽发生流动时，由于水槽沿程阻力做功，会造

成沿程水头损失（郑文康、刘翰湘，1999）。但当水流流经河道边界形状、大小等发生急剧变化时，流向会因此发生改变而形成漩涡。流向的突然改变和水流的漩涡加剧了水质点的摩擦和碰撞，从而增加了能量的消耗。这些造成水流的流速、压强等要素在水流流经这些地方时产生较大的变化，能量被消耗，水头会下降。下降的水头高度称之为局部水头损失（郑文康、刘翰湘，1999）。

大量基于 2D 和 3D 水槽物理相似试验得到的传播浪计算公式，采用了无量纲的形式直接反映了试验结果，沿程水体损失隐含在计算结果中。而自然河道是不规则的、形态多变的，存在地形突然开阔的河口区域，也存在地形突然狭小的峡谷区域，也有河流蜿蜒弯曲的区域，它们造成的局部水体损失也需要考虑。因此，可以考虑在试验公式计算中增加局部水头损失的修正。

根据水力学原理，河道固壁变化的形式决定了局部水头损失的大小。不同的河道边界变化造成了水流漩涡的大小和能量耗散大小，形成了结构复杂各异的水流，直接到处形成了不同大小的局部水头损失。但理论界至今未能以理论公式来精确或一般性准确地表达局部水头损失。更多的是采用了局部水头损失的经验公式，如式（8.26）的形式（郑文康、刘翰湘，1999），ξ 大小一般通过大量工程试验的经验来获得，也可查阅水力学中的局部水头损失资料得到。即

$$h_j = \xi v_{水}^2 / (2g) \tag{8.26}$$

式中，ξ 为局部水头损失系数；$v_{水}$ 为断面水流速度，m/s；h_j 为局部水头损失，m。

根据水力学不规则水槽试验，水槽中水流从宽渠突然流向窄渠，其局部水头损失系数在 0.07 和 0.5 之间，参考两变化渠道截面的大小比值进行取值。水流突然从窄渠流向宽渠，其水头损失系数为 $\left(\dfrac{A_2}{A_1}-1\right)^2$，$A_1$、$A_2$ 分别为窄渠和宽渠的截面积。河流发生一定角度的转弯时，根据转角不同，ξ 水头损失系数取值在 0.04 和 1.10 之间。

3. 爬高计算方法

涌浪爬高造成了河道沿岸生产生活区的破坏。但从物理试验结果和数值模拟结果来看，它的大小受传播浪高、浅水区地形地貌等诸多因素控制，其量化规律复杂。也因此，涌浪爬高不易研究。Müller 和 Schurter（1993）采用物理相似试验方法，提出了水深、波长、波高、斜坡角等因素控制的爬高预测方程（8.27），式（8.27）的计算值与 Müller 的 637 个试验观测值之间的最大偏差为 +35% 和 −25%。有

$$R = 1.25 \left(\frac{H}{h}\right)^{5/4} \left(\frac{H}{L}\right)^{-3/20} \left(\frac{90°}{\beta}\right)^{1/5} h \tag{8.27}$$

式中，R 为涌浪爬高，m；H 为波高，m；L 为波长，m；β 为爬坡角，(°)。

Synolakis（1987）通过试验建立了对岸涌浪爬高公式，即

$$R/d = 2.831\,(\cot\beta)^{0.5} \cdot (H/d)^{1.25} \tag{8.28}$$

式中，R 为对岸涌浪爬高，m；d 为水深，m；β 为对岸坡脚，(°)；H 为波高，m。

Hall 和 Watts（1953）建立了对岸爬高的经验公式，该公式与水深、最大涌浪高度有关，即

$$R/d = 3.1\,(H/d)^{1.15} \tag{8.29}$$

式中，R 为爬高，m；d 为水深，m；H 为最大涌浪高度，m。

Chow（1960）建立了与滑速相关的最大爬高经验公式 $h = V_s^2/2g$，式中 V_s 为滑速。

潘家铮（1980）线性化涌浪波，推导建立了对岸最大涌浪爬高公式，即

$$\zeta_{\max} = \frac{2\zeta_0}{\pi}(1+k)\sum_{n=1,3,5\cdots}^{n}\left[k^{2(n-1)}\ln\left\{\frac{l}{(2n-1)B}+\sqrt{1+\left(\frac{l}{(2n-1)B}\right)^2}\right\}\right] \tag{8.30}$$

式中，ζ_0 为初始波高，m；L 为滑体长，m；k 为波的反射系数，通过一些实际计算分析，在求对岸最高涌浪时，k 可近似地置为 1；$\sum$ 为级数之和。该级数的项数取决于滑坡历时 T 及涌浪从本岸传播到对岸需时 $\Delta t = \dfrac{B}{c}$ 之比。

8.3 公式体系计算结果

图 8.3、图 8.4 是涌浪计算的公式过程体系图和计算点过程示意图。图中 C、D、F 点均为垂直河道平行线中心点，B、E 为河岸点，图中 C 点代表环状传播区和平行传播区的分界线（点）。

首先根据崩塌滑坡入水运动物质形式来确定采用何种首浪计算公式。首浪计算后，可利用共用的波浪周期、波速和波长计算公式，依次求取首浪的其他波浪特征。判断计算点的位置是处于环状传播区或河道平行传播区，根据首浪的波浪特征，分别采用环状传播公式和平行传播公式计算位于各区的河道中心计算点浪高。得到垂直河道的平行线中心点浪高后，根据式（8.27）和岸坡特征计算爬高高度。

以 B 点为例说明环状传播计算流程。先利用公式（8.23）来计算河道 B 点环状传播后的最大浪高，然后利用公式（8.27）计算岸坡 B 点的爬坡值。以 E 点为例说明平行传播计算流程。先利用公式（8.25）来计算河道平行线中心点 D

的传播浪高。河道平行线上最大传播浪高均与中心点接近，因此 D 点的传播浪高近似等于 E 点的传播浪高，然后根据式（8.27）和 E 点岸坡特征计算该点爬坡高度。

河道内各中心的浪高和河道内全部爬高值均可以利用该计算体系来求取，同时可获得各点的波长、波速、周期等波浪特征参数情况。

由于前文 4.1.1 节利用失稳视频估算了龚家坊的入水冲击速度（11.65m/s），本节直接使用该速度，没有利用速度公式重新设定入水速度。根据 3.2 节介绍龚家坊崩塌堆积物重心处水深为 47m 左右，入水总方量为 $38 \times 10^4 m^3$。上述龚家坊的基本参数信息和相关地形图信息可转化为用于公式计算的计算参数。本文以 D1 点和 D6 点计算过程为例，展示了实际操作过程中各衰减区浪高和各岸坡爬高的计算流程。

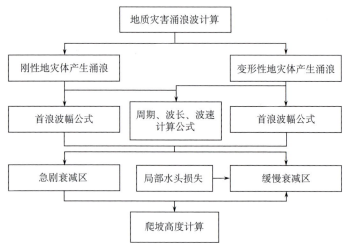

图 8.3　计算程式体系

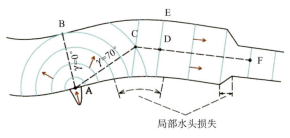

图 8.4　计算过程示意图

龚家坊崩塌入水物质以散粒体的碎石为主，应用首浪计算公式（6.7）得到最大浪高（首浪高）为 35.46m。D1 点在滑坡入水扰动点 16°方向，径向距离

554m，在环状传播急剧衰减区内。应用环状传播公式（8.23）计算 D1 点的最大传播浪高为 11.80m。依次应用周期计算公式（8.24）、波速计算公式（8.7）、波长计算公式（8.26）和爬高等式（8.27）可获得河道 D1 点波浪的这些特征值和爬高值 13.6m。

河道 D6 点处明显位于平行传播平缓衰减区域，它距离滑坡入水点约 2.5km。长江在该段的河床高程约 57m。将参数输入传播浪公式（8.25）和流速等式（8.7）中，计算得到 D6 平行线中心点浪高和流速分别为 4.55m 和 23.16m/s。由于处于平行传播区域，需要进行局部水头损失修正。

计算局部水头损失需考虑流速问题。一般固壁附近的流速小，河道中心阻力小流速大。本次计算取最大流速 23.16m/s 的一半来视为河道断面的平均流速。该段河道为地形变开阔的区域，呈锥状扩大，其锥顶角为 25°，两河道截面比为 1.8，查阅局部水头损失系数 ξ 值为 0.28（郑文康、刘翰湘，1999）。利用局部水头损失公式（8.26）计算得到 2.55m 的局部水头损失。局部水头损失修正后，D6 点河道中心传播浪高为 2.0m。与 D1 点的计算过程类似，计算波浪周期等特征值后最终可计算出 D6 点岸坡的爬高值为 1.93m。

按照上述 D1 和 D6 的计算步骤，计算调查点 D1～D7 的公式法涌浪爬高值（图 8.5）。由于目前还没有公式能考虑支干流交汇后的涌浪传播状态，计算区域只考虑了大宁河与长江的交汇和横石溪与长江交汇之间的河道，因此不能计算 D8 和 D9 的涌浪。根据相关性分析，公式计算值和野外调查值两组数据具有 0.96 的相关性，两者的值差比在 0.01 和 0.16 之间。影像解析的最大涌浪高度 31.8m 与公式法得到的 35.46m 也非常接近。

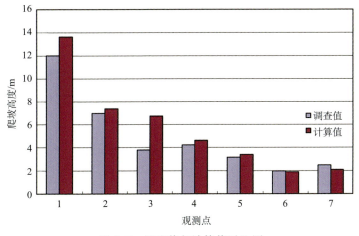

图 8.5 调查值与计算值对比图

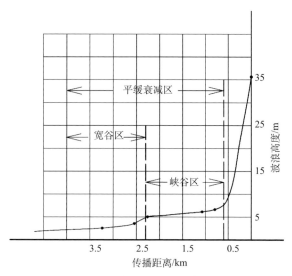

图 8.6 河道中心波浪下降过程图

从河道中心泓深线波浪高度图（图 8.6）可以看出，在急剧衰减区，平均 100m 距离内波高下降 4.6m。在急剧衰减区波高下降了 64.7%。在河道平行平缓衰减传播区内平均 100m 距离内波高下降 0.11m，衰减率非常低。同时在地形突然开阔区域，存在加速衰减现象，明显水头损失大于其他区域，这一现象符合流动规律。

同时，将龚家坊崩塌及河道的初始条件输入较常用的最大涌浪计算公式中，得到了如表 8.1 的最大涌浪高度。从计算结果来看，Slingerland 和 Voight 法及水科院法应用于龚家坊崩塌涌浪案例不适合。两者都属于经验公式或半经验公式，公式考虑的因素有缺失或不能应对崩塌在峡谷水库内产生涌浪的问题，造成计算值严重偏小。

表 8.1 各方法计算所得最大涌浪高度表

计算方法	S&V法	水科院法	Noda法	潘家铮法		公式体系方法	物理试验	影像资料
				水平运动	垂直运动			
最大涌浪高度计算结果/m	3.94m	3.54m	23.8m	20.95m	17.9m	35.46m	17.4m	31.8m

Noda 法和潘家铮法都可视为简化后的理论解，且两者的表达形式极其相似。龚家坊崩塌体破坏入水的角度为 54°，因此该崩塌体运动是典型的斜向运动。采用潘家铮法中岸坡水平运动和岸坡垂直运动的两种算法分别进行了计算。Noda

第8章 滑坡涌浪公式计算方法研究

法求解的最大涌浪高度略偏高于潘家铮法分岸坡水平运动和岸坡垂直运动计算的最大浪高。总体来看，物理试验结果、公式体系法、Noda法及潘家铮法值相近，他们的浪高范围为17.4~23.8m，最多相差36.7%，最小相差10.0%。公式体系法高于所有结果，但最接近影像资料的分析结果。公式体系法的计算结果偏大，用于快速评估预警，结果会偏于安全。

8.4 小 结

通过公式法的梳理和总结，建立了公式法体系，得到以下结论：

（1）基于各类型公式法建立了地质灾害涌浪计算体系，该方法分地质灾害类别、分涌浪衰减区域、分是否存在局部水头损失，并利用龚家坊崩滑体涌浪事件进行验证，其计算结果与实际调查值相关性非常高。

（2）在急剧衰减区针对不同类型地质灾害采用不同试验法公式，其预测结果与实际试验结果相关性强，能够保证传播浪和爬高计算的精度。

（3）在平缓衰减区计算中，采用试验法公式和局部水头损失相结合的方法进行计算，充分考虑了自然河道的沿程水头损失与局部水头损失问题。

（4）计算结果显示，急剧衰减区内平均100m下降4m，平缓衰减区内平均100m下降0.11m，在峡谷区向宽谷区传播时，有扩大衰减效应。

（5）该计算体系涉及的参数除了滑动速度外，其他参数均能通过地形图上获得，不确定的参数少，客观性强。该计算过程今后可以程序化，输入崩滑体的相关信息后，通过计算机读图，就可实现全河道及沿岸的波高或爬高值自动计算。

同时，通过公式法的计算和运行，了解了公式法的优劣势，得到了以下一些体会。

（1）公式法使用简单、方便、快捷，需要提供的参数少，得到的结果直观，主要适用于应急快速评估，其结果一般较为粗糙。

（2）公式法中尚没有公式能够计算涉及与支流的交汇问题。涌浪传播经过支流后，干流和支流内的涌浪波特征如何变化尚未见诸研究，这将是今后完善的重点。

（3）公式计算体系或规范推荐的公式法计算波高、波长、波速、周期都是单点分别计算的，同时最大涌浪高度、传播浪及爬高也是分别计算的。由于公式法只能得到一个值，计算结果通常是特征值（例如最大值）而不是过程值。点与点不是连续计算的，它们之间依赖公式来进行联系，来间接地连续，形成规律性。

（4）运用公式法时要弄清公式的来源和使用范围，要确认这一公式是否适用于使用案例。同样是刚性体滑动入水模型，由于试验的条件范围，产生了很多公式。不同的计算公式会导致不同的涌浪值和灾害范围。因此，使用公式法要了解使用对象的工程地质条件,谨慎使用公式,慎重对待计算结果。

通过对滑坡涌浪公式法计算方法的研究以及后续系统梳理总结,对不同工况条件下适合滑坡涌浪的公式进行了建议,详见表 8.2。同时,在应急预警处理中,建议尽量使用刚性块体公式,以保证预警结果偏安全。

表 8.2 涌浪灾害适用公式建议表

公式来源	工况条件	建议公式	有效性
以往成果	深水区块体滑动	美国土木工程协会推荐法	前人成果验证
		潘家铮法	
		Huber 和 Hager 法	
项目组总结推导公式		$\dfrac{H}{h}=0.667\left(\dfrac{\Delta h(1-f\cot\theta)}{h}\right)^{0.334}\left(\dfrac{b}{t}\right)^{0.754}\left(\dfrac{l}{t}\right)^{0.506}\left(\dfrac{t}{h}\right)^{1.631}$	以龚家坊崩滑实例进行了验证,具有一定可靠性
	深水区散体首浪高度	$\dfrac{H}{h}=0.605\left(\dfrac{\Delta h(1-f\cot\theta)}{h}\right)^{0.408}\left(\dfrac{V}{h^3}\right)^{0.323}\left(\dfrac{d}{h}\right)^{0.246}$	从物理试验中推导而来,其可靠性未进行具体实例检验
	中等水深区刚性滑坡首浪高度	$\dfrac{H}{h}=0.216\left(\dfrac{\Delta h(1-f\cot\theta)}{h}\right)^{0.216}\left(\dfrac{V}{h^3}\right)^{0.236}\left(\dfrac{B}{h}\right)^{-0.074}\delta^{-0.170}$	
	中等水深区松散滑坡首浪高度	$\dfrac{H_g}{h}=0.535\left(\dfrac{\Delta h(1-f\cot\theta)}{h}\right)^{0.666}\left(\dfrac{V}{h^3}\right)^{0.249}\left(\dfrac{B}{h}\right)^{-0.610}$	

第 9 章　基于 N-S 方程的崩塌滑坡涌浪形成研究

崩塌落石和浅水河道滑坡涌浪利用常规方法很难进行计算，亦很难评估其危险区域。针对崩塌落石和浅水河道滑坡涌浪问题，可利用流体力学计算全水流质点的方式开展研究。利用流体力学和固体力学可研究在各种力的作用下，流体本身的状态，以及流体和固体壁面、流体和流体间、流体与固体运动形态之间的相互作用。本章利用流体力学进行崩塌落石和浅水河道滑坡涌浪数值模拟研究，解决需要计算全水质点运动形态的浅水区滑坡涌浪或崩塌落石涌浪问题。

9.1　流体力学 N-S 方程简介

描述流体运动特征的基本方程是纳维-斯托克斯方程（Navie-Stokes Equations），简称 N-S 方程。N-S 方程表述流体运动与作用于流体上的力的相互关系，是包含有流体的运动速度、压强、密度、黏度、温度等变量的非线性微分方程。一般来说，对于流体运动学问题，需要同时将 N-S 方程结合质量守恒、能量守恒以及介质的材料性质，一同求解。由于其复杂性，统筹只有通过给定边界条件下，通过计算机数值计算的方式才可以求解。

$$\frac{\partial u}{\partial t}+\left\{u\frac{\partial u}{\partial x}+v\frac{\partial u}{\partial y}+w\frac{\partial u}{\partial z}\right\}=-\frac{1}{\rho}\frac{\partial P}{\partial x}+G_x-\frac{1}{\rho}\Delta\tau_x-Ku-\frac{RSOR}{\rho}u-F_x \tag{9.1}$$

$$\frac{\partial v}{\partial t}+\left\{u\frac{\partial v}{\partial x}+v\frac{\partial v}{\partial y}+w\frac{\partial v}{\partial z}\right\}=-\frac{1}{\rho}\frac{\partial P}{\partial y}+G_y-\frac{1}{\rho}\Delta\tau_y-Kv-\frac{RSOR}{\rho}v-F_y \tag{9.2}$$

$$\frac{\partial w}{\partial t}+\left\{u\frac{\partial w}{\partial x}+v\frac{\partial w}{\partial y}+w\frac{\partial w}{\partial z}\right\}=-\frac{1}{\rho}\frac{\partial P}{\partial z}+G_z-\frac{1}{\rho}\Delta\tau_z-Kw-\frac{RSOR}{\rho}w-F_z \tag{9.3}$$

式中，$U=(u,v,w)$ 为流体速度；P 为压力；G 为重力和非惯性体力加速度；K_u 为拖曳力（多孔挡板、阻碍物、液-固过渡区产生的拉力）；$\frac{RSOR}{\rho}u$ 为物质流入形成的加速度；F 为其他力如表面张力、外力或力矩等。

随着计算机和计算数学的发展，软硬件已能满足对涌浪产生进行流体力学数值模拟研究。利用流体力学进行崩塌滑坡涌浪求解已成为一种趋势。其优势主要是流体固体运动皆可三维直观可视，海量数据可供调阅分析。其缺陷主要在于所需计算空间巨大，计算能力受限。但随着计算软件的不断发展，该方法具有良好的发展前景。

9.2 流固耦合崩塌涌浪研究——以剪刀峰崩塌为例

长江三峡库区风景秀丽、山高坡陡，是著名的旅游景点，也是崩塌落石的多发区。库区崩塌落石不仅打击滚石运动路径上的威胁对象，而且入水后会产生涌浪，威胁航道安全。例如在瑞士的 Lake Uri，由于 $16000m^3$ 的危岩崩塌后威胁下方公路和形成涌浪，1992 年对其进行了爆破，苏黎世大学的水力学实验室（VAW laboratory）进行了涌浪监测（Heller，2007）。

落石运动过程十分复杂，影响因素众多。如斜坡的微地貌、坡面的物质组成、落石的形态等条件都会影响落石的运动过程（Bozzolo and Pamini，1986；Dourrier et al.，2009；Giani et al.，2004）。控制滚石动力学特征的主要参数是碰撞恢复系数（Chau et al.，1996）。秦志英和陆启韶（2006）、何思明等（2009）、沈均等（2009）、杨海清和周小平等（2009）在理论上对碰撞恢复系数进行了分析。Mangwandi 等（2007）、Rocscience（2002）、Azzoni 和 Freitas（1995）、Day（1997）、章广成等（2011）等通过现场试验给出了碰撞恢复系数的建议值。目前已编制了许多模拟落石碰撞过程的专业软件，如 CRSP（Jones et al.，2000）、Rocfall（Rocscience，2002）、STONE（Guzzetti et al.，2002）、CADMA（Azzoni et al.，1996）等。但这些软件只能计算滚石的运动特征，不能与流体耦合进行涌浪计算。

滚石以一定速度入水，与水体相互作用形成涌浪。滚石的形态与入水姿态都会对涌浪产生影响，具有强烈的三维特性。进行三维流体力学与固体力学耦合分析可获得从微观到宏观的直观结果，是目前涌浪研究的热点，是未来的研究发展趋势。但由于软硬件制约，国内鲜有文献对此进行研究。Choi 等（2008）采用 RANS 系统进行了三维孤立波爬高分析，Silvia Bosa 和 Marco（2011）利用移动墙采用三维浅水波模型模拟了瓦伊昂滑坡涌浪事件。Montagna 等（2011）利用 FLOW-3D 进行了三维海岛滑坡涌浪研究，并与物理试验进行对比分析。Pastor 等（2009）耦合三维 SPH 法和 FEM 法进行了几个灾难性滑坡涌浪的研究。国外的研究多集中在概化性三维滑块和典型滑坡涌浪实例上进行研究，尚无研究者对崩塌落石涌浪全过程进行流固耦合研究。

9.2.1 FLOW-3D 介绍及耦合模型建立

库岸崩塌落石产生涌浪是一个很复杂的过程。首先，石块在陆地斜坡上进行滑动、弹跳，然后落入水体，石块在水体和水下斜坡中运动，与水体相互作用产生涌浪，涌浪传播。为了解决这一复杂的流固耦合运动问题，引入 FLOW-3D 软件进行建模、分析。

FLOW-3D 是一款由 Flow Sciences 公司开发的通用流体动力学计算软件，始于 1980 年的 Los Alamos National Laboratory。在物质守恒、动量守恒、能量守恒等欧拉方程框架内，FLOW-3D 采用了有限体积差分法逼近离散化计算域进行求解。该软件具有大量的模型用于模拟相变、非牛顿流体、孔隙介质流、表面张力效应、两相流等。FLOW-3D 采用 FAVOR（Fractional Area/Volume Obstacle Representation）和 VOF（Volume-of-Fluid）技术来求解三维瞬时 Navier-Stokes 方程，能够提供极为真实且详尽的自由液面（Free Surface）流场信息。FAVOR 和 VOF 技术使得在欧拉网格内能够定义固体边界，能够在计算流体响应固体边界时追踪流体边界。采用这一方法，固体物质独立生成网格，能够高效率且精确地定义几何外形。FLOW-3D 的 FAVOR 和 VOF 技术，使得它在描述自由液面流动方面具有独特的准确性和真实性（Flow Science，2012）。

FLOW-3D 有许多不同的湍流模型用来模拟湍流，包括普朗特混合长度模型（Prandtl mixing length model）、$k\text{-}\varepsilon$ 方程（$k\text{-}\varepsilon$ model）、RNG 方程（RNG scheme）和 LES 模型（Large Eddy Simulation model）。同时，在 FLOW-3D 中有一个特殊的 GMO 碰撞计算模型，能够提供使用者预测移动对象在流体内运动的状况。GMO 模拟刚体运动，可以是指定运动方式或与流动耦合计算。指定运动方式时流动受物体运动影响，而物体运动不受流体影响。与流动耦合时物体运动和流动是动态耦合的（两者互相影响）。两种方式中运动物体都可以有 6 个自由度。计算时可以有多种类型的运动物体，且可以相互碰撞。碰撞分析可以选择采用弹性碰撞，部分塑性碰撞，以及完全塑性碰撞三种。弹性碰撞是指运动过程中运动物体间碰撞没有能量损失。完全塑性碰撞是指运动物体间碰撞后，能量完全损失掉。这一碰撞分析采用总体摩擦系数和总体碰撞恢复系数来控制。碰撞恢复系数处于 0 和 1 之间，0 代表完全塑性，1 代表完全弹性。本文采用了 $k\text{-}\varepsilon$ 方程和 GMO 模型的耦合模型进行分析计算。

以剪刀峰斜坡河谷为例建立了一个 X 方向 1.6km 长，Y 方向 1.5km 宽，Z 方向 1km 高的斜坡模型（图 9.1、图 9.2）。根据调查分析，剪刀峰发生 1×10^4 m³ 方量的崩塌落石概率较小，而涌浪与块体入水体积有密切的正相关性，本文假定剪刀峰发生 1×10^4 m³ 方量落石入水，以计算可能的最大涌浪高度和风险。因此，建立了一个长 80m、宽 30m、厚 5m 的板状 GMO 岩体，其密度为 2600kg/m³。这一假设的块体方量为 1.2×10^4 m³，初始重心高度 652m，初始状态为静止。根据章广成等（2011）对灰岩区落石碰撞恢复系数的研究，计算采用的碰撞恢复系数为 0.72，总体摩擦系数为 0.57。采用 5m 的计算网格进行离散，共有 18270000 个网格单元。计算的水位为 175m，X 方向（河流方向）为静水压力边界，Y 方向为流出边界，Z_{max} 方向为自由表面边界（压力为 0，空气界面），Z_{min} 方向为不透水 Wall 边界。计算模拟板状岩体从剪刀峰处崩塌—滚动—弹跳—入水—涌浪的全过程，模拟时间设置为 120s。

 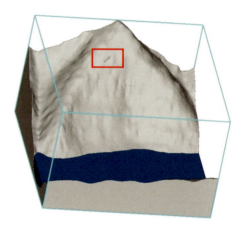

图 9.1　2007 年剪刀峰发生崩塌后照片　　　　图 9.2　建立的耦合模型

9.2.2　流固耦合运动结果分析

该耦合计算模型在 LENOVO THINK 工作站上计算约 9h，形成了 152G 的结果数据文件。GMO 运动过程模拟显示（图 9.3），块体在陆地斜坡上经历了滑动、翻转、弹跳等运动。岩块从静止状况开始下落后，有 3 次较大的弹跳发生在陆地斜坡上，有 1 次弹跳是入水之后发生的。由于陆地斜坡陡峻，在陆地斜坡上岩块只有一小段进行了滑动或滚动，大部分是碰撞后弹跳飞过的。其运动轨迹显现三维性，并不是在一个平面上运动。由于未考虑空气阻力问题，运动过程中，岩块的能量损失主要来源于碰撞和滚动时的摩擦。

虽然每次碰撞弹跳都会造成总能量损失和速度的暂时降低（图 9.4、图 9.5），但总体来看，随着岩块的下降，势能转化为动能，动能不断增加，速度不断增加。20s 左右速度达到最大约 80m/s，能量也达到最大约 9.3×10^{11} J。20s 后岩块入水，岩块入水是该过程的一个转折点。入水后，GMO 的总能量开始持续下降（图 9.5），能量一部分传递给水体，一部分碰撞水下斜坡损失了，一部分与水作用消耗。

岩块进入水体后，与水体相互作用，两者的运动相互影响。对岩块而言，明显其岩块入水后运动方向与轨迹发生较大的变化，由开始南南东的斜向下运动方向为主，慢慢转化为东西方向摆动向下运动。瞬时过程图上显示为：在波浪和水的作用下,岩块在水中发生左右飘动下沉。运动速度图上显示为 XY 方向速度出现方向性摆动。岩块在陆地 652m 高差的斜坡上运动了 20s,在水下 140m 高差斜坡上运动了 15~20s。这是由于流固耦合作用,流体让岩块不易沉底停止,岩块的水下运动时间明显延长。运动物体完全停止后,流体获得的总动能为 $6.08×10^{10}$J,与入水前岩块的总能量相比较,能量传递率约为 6.53%。

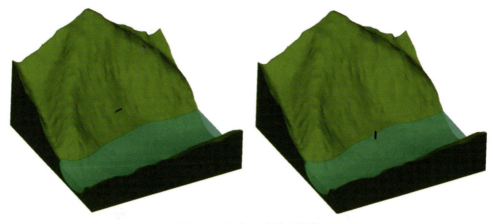

图 9.3 岩块运动瞬时图片

流体和运动物体的相互作用,极大地消耗了运动物体的能量,改变了运动物体的原有运动韵律,延缓了运动固体的下沉时间,延长了流固能量交换过程。这一流固耦合过程,由于能量交换时间过长而不利于涌浪形成。

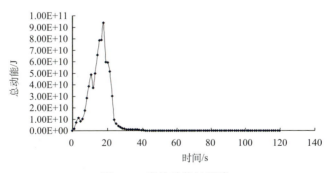

图 9.4 岩块动能过程线

岩块入水后,水体沿石块四周壁面向上涌起飞溅,激起了较大的水花(水舌),最大高度达到了 15.6m,而后散落入水中。以入水点为圆点,开始形成一个新月半圆锥状的孤立涌浪波,在传播过程中形成最大涌浪波约 10m,距离岸边约 150m。在涌浪的开始阶段,涌浪波形成一圈一圈的环状水波进行传播(图

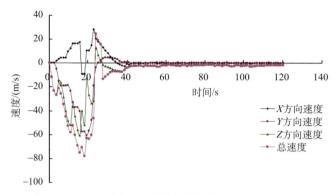

图 9.5 岩块速度过程线

9.6），衰减非常快。波的运动方向也为环状，直至环状波传播至对岸，波的运动方向才开始转为放射状沿河道上下游进行传播，同时反射波开始与涌浪波叠加（图 9.7）。波浪传播至河道中线（泓深线）时，波高衰减为 2.4m。传播至对岸时，波高已衰减至 0.89m 左右，最大爬高为 1.9m。波浪沿河道传播 500m 后的最大浪高为 1.5m 左右，至 1km 外降低至 1m 以下。

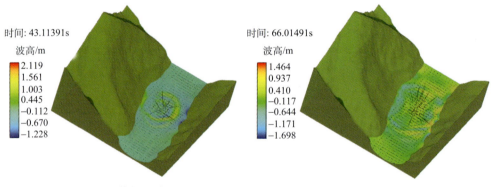

图 9.6 涌浪环状传播及波速矢量图　　图 9.7 涌浪河道方向传播及波速矢量图

借鉴国家海洋局发布的《风暴潮、海浪、海啸和海冰灾害应急预案》对计算区域航道进行涌浪风险预警分区。当波浪大于 3m 时为航道红色预警区，当波浪在 2～3m 时为航道橙色预警区，当波浪在 1～2m 时为航道黄色预警区，当波浪小于 1m 时为蓝色预警区。根据这一标准，在入水区附近（离岸 200m 内）为航道红色预警区，在离剪刀峰岸线 200～350m 内为航道橙色预警区，离剪刀峰岸线 350m 后的航道为黄色预警区。因此，河道中心线以南（上行航道）的涌浪较小，风险较低。

另外，本文采用的崩塌落石为 $1.2\times10^4\mathrm{m}^3$ 方量，实际崩塌如此大方量的可能性较低，产生的涌浪高度也将比本文所得结果低，预警等级相应会降低。因此，如果将目前全河面航道的北航道往南移 350m 左右，将红色、橙色预警区河面作为避让区，则航道内的涌浪预警将从红色预警区降为黄色或蓝色预警区，涌浪风险大大降低，航道安全度得到提高。

9.3 浅水顺层滑坡涌浪研究——以千将坪滑坡为例

千将坪滑坡高速滑行且整体性较好，区域河谷狭窄且河道较浅，研究这一类型涌浪需要有较好的方法。各种理论方法在解决浅水区的问题时有较大难度，因为水体较浅时，形成波浪高度非线性，较难以用数学公式进行描述。即便采用波浪理论，由于水浅其形成的波浪性质也较难判断，且相关研究较少，难以参考。本节采用计算流体力学（CFD）的方法在 FLOW-3D 中直接模拟浅水区滑坡涌浪问题，为浅水区滑坡涌浪问题提供一种解决思路。

9.3.1 千将坪滑坡涌浪模型建立

建立 2.4km 长、1.68km 宽、330m 高顺河道的计算区域（图 9.8）。该区域计算单元格 1330560 个，其中在 Z 方向为 33 个，Y 方向上 240 个，X 方向上 168 个，平均网格尺寸为 10m。静止水深为 135m，河道两段（X 方向上）边界为外流边界（outflow boundary），两岸岸坡（Y 方向上）边界为外流边界（outflow boundary），河底（$Z_{\min}$ 方向）为不透水边界（wall boundary），水面（$Z_{\max}$ 方向）为自由液面边界。整个系统施加垂向重力，重力加速度为 $9.8\mathrm{m/s}^2$。运动

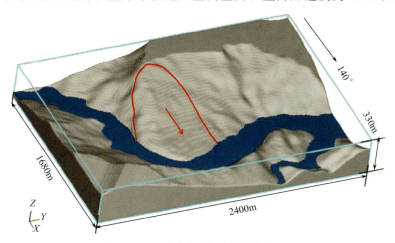

图 9.8 千将坪滑坡涌浪数值模型

物体初始运动状态均为0,在重力作用下,坡体为弧形旋转运动。计算流固耦合运动时间120s,得到了46.6G的结果数据文件。以下先对结果文件的有效性进行验证,然后分析千将坪滑坡涌浪形成机理。

9.3.2 模型有效性验证

涌浪数值模型有效性验证主要涉及两个方面:一是运动物体是否按照实际滑坡的运动方式来进行,或者能大致反映实际的运动方式;二是水力模型得到的结果是否与实际涌浪调查情况相符。这两个方面有效,则说明模型建立有效,模拟计算的水动力情况有效、准确。

1. 运动方式

图9.9展示了数值模拟中滑坡体运动前后的姿态。绿色为初状态,红色为滑动停止后状态。两者的对比可见,滑坡中后部以平滑为主,前部以反翘为主。滑坡停止后,前缘出现明显反翘,反翘角度约10°。这一反翘值与野外调查中岩层反翘角度5°~10°接近。运动方式与实际情况较为接近。滑动停止后,滑坡体上游侧出现拉裂槽,下游侧出现陡坎沟,这与实际野外情况也非常相符。滑坡整体滑动平距为108.17m,滑动的落差为62.45m,滑动的斜距为124.9m。这些值略低于调查值,这是因为模拟的GMO为刚性体,而实际滑坡体可进行挤压变形。

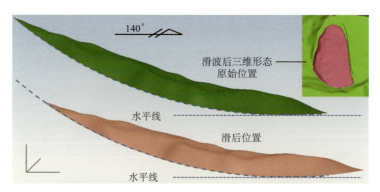

图9.9 千将坪滑坡体运动模拟前后对比图
绿色为原来姿态,红色为滑坡后姿态,右上角为滑动后的三维影像

由于数值模拟采用的是块体旋转运动方式,实际停止时GMO绕轴旋转4.89°,旋转过程的线速度可见图9.10。在63s附近,GMO获得的最大线速度为15.9m/s,与监测的最大滑动速度16m/s基本相同。

模拟运动产生的地貌结果均与实际一致,得到的运动速度基本相同,这些说

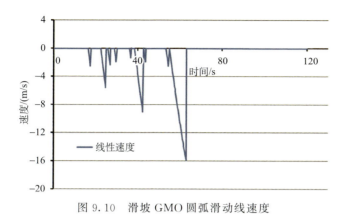

图 9.10 滑坡 GMO 圆弧滑动线速度

明本次数值模型的 GMO 运动方式基本能反映滑坡实际情况。

2. 涌浪情况

由于没有影像资料和波浪监测数据，野外涌浪对比情况只能基于 4.1.3 中描述的有限的野外调查情况。通过对数值模拟结果的对比发现，当 $t=66s$ 时，得到河道内最大涌浪爬高为 175.4m。它相对于河面水位 135m，上升了 40.4m；与野外调查的 39m 最大爬高值非常吻合。

图 9.11 展示了各点最大爬高的计算值与调查值的对比情况。从图中可见，调查值与计算值非常接近，两者相差不到 10%。

这些爬高值定量结果的吻合说明数值模型得到的水力结果具有有效性。本文建立的千将坪滑坡涌浪数值模型可用于还原分析千将坪滑坡产生的涌浪情况。

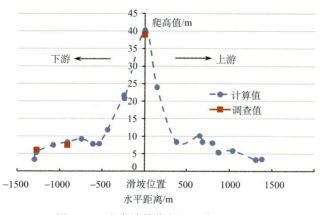

图 9.11 爬高计算值与调查值的对比图

9.3.3 千将坪滑坡涌浪分析

1. 滑坡区水道逐渐变窄的过程及滑坡堵江过程

图 9.12 是在 $y=150\mathrm{m}$ 时,切片显示的滑坡主剖面图。图 9.12 中展示了滑坡运动并逐步侵占河道的全过程。在 $t=63.1\mathrm{s}$ 时,滑坡体撞击对岸,滑坡体随即停止,并堵塞了河道,形成滑坡坝。当 20s 之前,先是由于水下岩土体运动,造成水体深处的质点先开始运动(图 9.12),靠近岩土体的质点运动方向是向下,稍远离的质点向上,更远的质点是水平向外推运动。当岩土体侵占一定河道

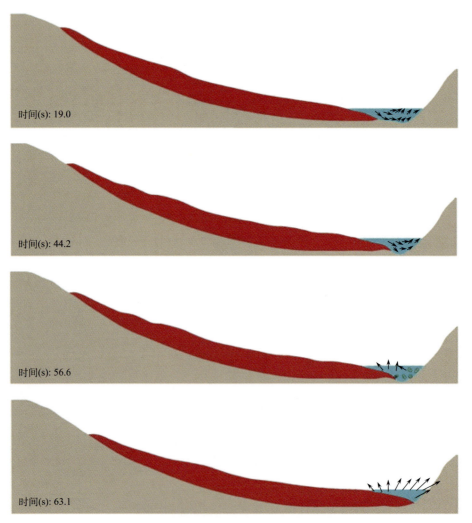

图 9.12 滑坡剖面展示滑坡堵江运动过程及水质点运动矢量

后，如当 $t=44.2s$ 时，离滑坡近的水体运动方向向下，较远的水体运动方向向上。同时，水体分流现象明显，如当 $t=56.5s$ 时，水体方向有上下游运动和向两岸运动。当侵占大量河道后，如当 $t=63.1s$ 时，河道内水体运动方向均向上。水质点的运动矢量可较为明确地反映上述堵河过程中水体的受力和运动过程。

由于初始滑坡体一部分在水体下淹没，滑坡击打水体形成浪花的效应不明显，滑坡体运动对水体主要为推动和托抬作用。当滑坡体侵占一部分河道时，这部分河道的水体被固体推动向对岸运动，遇对岸岸壁而分流成三部分，一部分折返，一部分分流向上游侧流动，另一部分向下游侧流动。当滑坡快速从水下侵占大部分河道后，河道被抬高，水体来不及分流，对抬高河道上的水体有托抬作用。受托抬作用的水体先向上运动，然后向两侧分流。当滑坡体上的水体分流殆尽后，上下游被滑坡隔断，滑坡坝形成。

2. 涌浪形成及传播过程

水体在千将坪滑坡坝形成过程中受到固体的推动和托抬作用都会造成自由水面的上升，亦即形成涌浪。从图9.13a可见，由于滑坡运动时间短，涌浪开始只限于滑坡体附近，且上下游质点运动性较弱。其原因可能是滑坡外围水体只受到边界处垂直河道方向的摩擦力，此外河道外围水体没有直接受到滑坡体力的传递。

滑坡体停止时，并未产生最大的爬坡浪。最大爬坡浪在滑坡坝形成3.5s后，即 $t=66.6s$ 时在滑坡主滑剖面前缘附近形成最大爬坡浪，其值为175.4m（图9.13b）。此时，涌浪开始向上下游传播，滑坡体上水质点的运动方向明显由图9.13a中的向上转向上下游方向。

在80s附近时，滑坡体上水体基本都流向了上下游。由于水的流入，滑坡体两侧水面高程约141m，涌浪开始向外围河道传播。图9.13c展示了100s时河道内涌浪情况。此时，涌浪在上下游均传播至河流转弯处。下游侧最大波高为145m，140~145m的波峰宽度非常长，在河道展布约500m。上游河道波高略低，最大波高约141.5m。至120s时，下游波峰移动至锣鼓洞河口附近，上游波峰移动500m外。上下游波的形态类似，波峰宽度均较大，下游138.5~141m的波峰宽度约500m，上游138.5~141m的波峰宽度约450m。同时波前水位陡降，这点在图9.13c、图9.13d中上下游均明显可见。在涌浪传播过程中，河道水位没有明显低于原水位（135m），这一点从图9.13a~d中均可看到。波峰宽而无波谷，波前水位陡降，波浪的类型应该为孤立波。

根据Heller和Hager（2011）和Fritz等（2004）的研究成果，滑坡产生的涌浪波类型可由滑动弗洛德系数（Froude number）确定，即

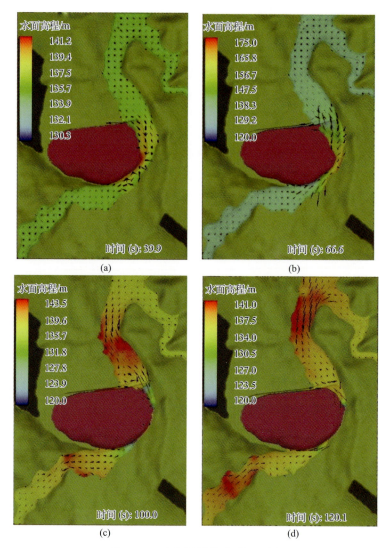

图 9.13 千将坪滑坡瞬时河面图
箭头为水质点运动矢量

$$F = \frac{v_s}{\sqrt{gh}} \tag{9.4}$$

式中，F 为弗洛德系数；g 为重力加速度；h 为静止水深；v_s 为滑坡入水时冲击速度。

在这一案例中，v_s 为 16m/s，h 为 45 m，g 为 9.8m/s²，弗洛德系数 F 为 0.76，而相对厚度 $S=s/h$，s 为平均厚度 35m，因此平均 S 为 0.78。

根据 Fritz 等（2003）的分类，满足式（9.5）的产生孤立波。千将坪滑坡的 F 与 S 满足式（9.5），在河道内产生的为孤立波，即

$$(6.6-8S) \leqslant F < (8.2-8S) \tag{9.5}$$

此外，Fritz 等（2003，2004）认为小的 F 系数和大的相对厚度一般不会造成涌浪初期的流、固分离。因此，千将坪滑坡产生的涌浪为孤立波且初期水流没有与滑坡分离。数值模拟结果证实了这一点。

图 9.14 展示了滑坡发生后 100s 时上游河道的瞬时波剖面。该剖面明显只有一个波峰，且为非常长的波峰。孤立波一般为浅水波，水质点以水平运动为主，因此其能量能传递给更多的水体。在理论上，这类波的波高一般不会大幅下降；如果没有传播途径的改变，波浪可以无止境的传播下去。在实际中，河床和河岸产生的湍流和河道大小的变化等因素，会造成波高的减少。但该类型波高减少幅度要小于其他类型的波。千将坪滑坡形成滑坡坝，滑坡侵占的河道水体向两侧分流。因此，千将坪滑坡涌浪传播其实与半无限河道沟渠内增水过程类似：无波谷，沿程水头上升，然后消散。这种现象对滑坡涌浪的预警预测具有十分重要的意义。与预警相关的因素还有波速，它决定了涌浪何时抵达何处。

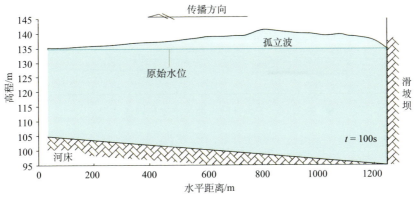

图 9.14 上游河道水头剖面

通过对瞬时河面高程数据的对比分析，千将坪滑坡产生涌浪的波速为 32~36m/s，而沿程水头 100m 下降 0.1~0.25m。利用这一规律计算，传播 4km 远，波高只会下降 1m。但若考虑支流和长江交汇，则其下降速度会大幅增加，涌浪的影响时间和影响范围则将缩小。滑坡的运动总动能为 7.6×10^{12}J，停止后水体获得的总动能为 1.035×10^{11}J，总势能为 3.503×10^{11}J。因此能量的损失率为 94.03%，固体传给流体的能量转换率为 5.97%。大部分能量在滑坡碰撞对岸时损失，并未传给水体。那么，浅水区发生的千将坪滑坡产生的涌浪危害范围有多大呢？由于波浪的衰减率与地貌、水深等都有直接联系，因此精确的计算涌浪危

害范围需要大量的计算空间，本文基于上述的衰减率进行了初步估计。同时根据国家海洋局发布的《风暴潮、海浪、海啸和海冰灾害应急预案》，对内河航道进行涌浪风险预警分区。根据这一预案，当波浪大于 3m 时为航道红色预警区，当波浪在 2~3m 时为航道橙色预警区，当波浪在 1~2m 时为航道黄色预警区，当波浪小于 1m 时为蓝色预警区。图 9.15 展示了千将坪滑坡在青干河流域可能的危害范围和预警等级。由于青干河汇入长江对波浪有较大的衰减作用，而这一衰减率尚不可知，因此长江干流的危害范围并未区划。在青干河流域，红色预警区有 4.5km 长，橙色预警区有 4.6km 长，黄色预警区有 3.5km 长。滑坡发生后，沉船翻船事件主要发生在红色和橙色预警区内。

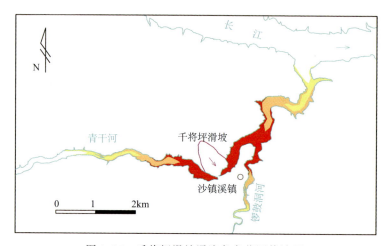

图 9.15　千将坪滑坡涌浪危害范围估计图

9.4　小　　结

本文首次尝试使用耦合 GMO 碰撞模型的 CFD 软件预测了崩塌滑坡产生涌浪的全过程，得到了以下结论和建议。

（1）三维流体力学与固体力学耦合分析涌浪可获得从微观到宏观的直观结果，这一方向将是涌浪研究的发展趋势。

（2）以剪刀峰河道和千将坪为原型，建立了一个湍流模型和 GMO 碰撞模型的流固耦合模型，进行了块体崩塌和滑坡涌浪模拟。

（3）通过流固耦合计算得到，剪刀峰岩块经过 3 次弹跳后入水，入水时运动物体的速度达到最大，约为 80m/s，动能也达到最大，约 9.3×10^{11} J。入水后，岩块动能持续降低，能量开始传递给水体。在水体作用下，岩块的运动方向与轨迹发生较大变化，下沉时间明显延长。运动物体完全停止后，流体获得的总动能为 6.08×10^{10} J，能量传递率约为 6.54%。

（4）将千将坪滑坡运动简化为刚性体圆弧运动，数值模拟结果与实际调查情况较为相符。数值模拟分析表明，千将坪滑坡运动 63.1s 后碰撞对岸停止，千将坪滑坡固体和液体的能量转换率为 10%，滑坡体运动对前缘水体有推动和托抬作用。千将坪涌浪产生的最大爬高为 175.4m，涌浪波类型为孤立波，波速为 20m/s。滑坡发生 120s 后涌浪传播至锣鼓洞河口，浪高约 140m。

同时，通过对剪刀峰崩塌落石涌浪案例和千将坪滑坡的流固耦合分析研究，目前基于 N-S 方程开展崩塌滑坡涌浪研究尚有以下问题值得探讨和思考。

（1）就目前 PC 机硬件而言，精细的块体和较长的河道意味着更小的离散网格和更多的网格单元。上千万或上亿的网格单元常常会导致一些 PC 机硬件无法满足计算要求；即便是可以满足，其所需的计算时间也是很漫长的。这也是本文没有采用更小尺寸落石或更长河道的重要原因之一。同样的原因，也导致在网格的大小与结果的质量之间需要取舍平衡。

（2）对斜坡为多物质组成时，应分别建立多组件的斜坡模型，以设立不同的碰撞恢复系数。但崩塌落石是一个很复杂的过程，斜坡与滚石特性和初始状态的稍微改变都会强烈改变落石的动力特征。因此对未知滚石运动过程最好的评价方法可能是先采用概率的办法进行轨迹预测，然后对大概率事件或高风险事件进行确定性耦合分析。对已知滚石停止点的落石碰撞过程模拟，需要通过工程地质判断调整输入参数，以达到预期的结果。

（3）本文选用了工程中应用最广泛的 k-ε 和 RNG 湍流模型，其基本思想是用低阶关联量和平均流体性质来模拟未知的高阶关联量。今后可考虑应用 LES 大涡模型对实际涌浪中大量存在的高 Re 数湍流激流现象进行有效求解。

（4）就滑坡涌浪而言，采用 GMO 进行模拟时，滑坡体运动过程中不能变形。当流体与滑坡体耦合时，不能准确反映现实中滑坡体入水状态。由于没有引入岩土学，在大量的 CFD 软件中多流体力学只能简单地和固体进行耦合计算，固体一般根据牛顿运动定律进行刚性运动，不能变形。

综上，目前流体力学应用于滑坡涌浪领域还只是简单的耦合，计算能力也有限，还有很大的发展空间。其未来的趋势可能有以下几点。

（1）岩土力学与流体力学的融合。目前岩土力学与流体力学的融合只有少部分软件可以实现，他们都使用了 FEM/DEM-Particle 的耦合计算，例如美国能源局开发的 LDEC 软件。岩土力学与流体力学的融合，可以解决内部大变形或小变形的滑坡崩塌形成的涌浪效应。

（2）颗粒流与流体力学的融合。高速远程碎屑流或泥石流的运动不能用传统的岩土力学方法进行解算，颗粒流可以用于此方面的模拟。在这一方面，一些改进的 SPH 方法可以进行二维的模拟分析。另外 FLOW-3D 的一些高级用户也自行开发了 particle 的陆地功能，使得颗粒流在陆地和液体中都能使用。

（3）流体力学计算方法的革新。目前大部分的流体力学采用了单核、多核和 MPI 技术。但即便是 MPI 并行计算技术，对普通的个人 PC 而言，流体力学的计算能力也十分有限。而滑坡涌浪灾害通常危害较大面积的水域，其长度甚至会超过 40km。因此，流体力学计算方法的革新也是未来的趋势之一。目前较为可行的办法是利用 GPU 技术来进行高性能计算。

第 10 章　基于波浪理论的崩塌滑坡涌浪传播数值模拟研究

新滩滑坡涌浪影响范围有 42km，龚家坊崩塌涌浪影响范围有 13km，因此很多滑坡涌浪的影响范围巨大，超长。采用公式法，越远距离误差越大；采用物理试验的方法则需要巨大的场地和巨额的经费；采用流固耦合方法则需要海量的计算资源和内存。上述第 6 章至第 9 章的方法对长距离大范围的涌浪计算都有着很大的局限性。在面对这样一个问题时，较准确、经济、相对快速的方法是首选。

崩塌滑坡涌浪灾害数值模拟技术方法可以较全面地分析涌浪灾害，具有准确、经济、合理等优势，其形成的结果可视化程度高，有利于崩塌滑坡涌浪灾害预警。根据力学模型，崩塌滑坡涌浪灾害数值模型可分为流体力学模型和水波动力学或波浪理论模型。利用 Navier-Stokes 流体力学方程模型，是第 9 章的方法。该模型精细地刻画了水质点的运动，能很好地研究地质灾害体-水体-空气的三相相互作用形成涌浪，但用于模拟涌浪长距离传播和爬坡则过于微观，而使得计算十分繁复，所需计算资源非常大，耗时较长，不利于模拟涌浪长距离传播和爬坡。而波浪理论与 Navie-Stokes 方程不同，由于不需要计算河道所有水质点的运动，他概化了水深函数，在水深方向只计算若干个点，水面的运动由波动规律控制，其计算量大大减少，耗费时间较短，适用于个人研究。

本章利用波浪理论进行水库崩塌滑坡涌浪数值模拟研究，解决长距离大范围的滑坡涌浪计算问题。

10.1　波浪理论概述及研究进展

根据水波的特性，崩滑体产生的涌浪属于重力波类别，与表面张力波不同，它们主要受重力影响。用于表述波的特征值的参数有波速（c）、波长（L）、波的周期（T）、波高（H）和波幅（a）。根据波长和水深比（L/h），将水波划分为浅水波、中等水波和深水波；根据周期性问题，水波可划分为周期波和非周期波；根据波形和波长、波高及水深的关系，水波可划分为线性波和非线性波。自然状态的水波特征多为上述波的综合体。

在现实中，地质灾害涌浪波是非周期性波，并且有强烈的非线性，介于中等水波至浅水波之间（Heller，2007）。Noda、Huber、Panizzo、Zweifel 等通过大量的崩滑体入水产生涌浪的相似试验发现（Panizzo et al.，2006），崩滑体的 Froude 系数（F）、块体相对厚度（S）、相对质量（M）、有效冲击角（β）的函数关系不同时，会形成不同类型的涌浪波。当崩滑体参数满足式（10.1）时形成斯托克斯波，当满足式（10.2）时形成椭圆余弦波和孤立波，当满足式（10.3）时形成潮波（Heller et al.，2009）。

$$S^{1/3}M\cos\beta < 4/5F^{-7/5} \tag{10.1}$$

$$4/5F^{-7/5} \leqslant S^{1/3}M\cos\beta \leqslant 11F^{-5/2} \tag{10.2}$$

$$S^{1/3}M\cos\beta > 11F^{-5/2} \tag{10.3}$$

椭圆余弦波和孤立波并未分开，因为两者的原理十分相似，孤立波理论实际上是椭圆余弦波理论 $T\to\infty$ 时的状态。他们的分类标准可见表 10.1。

表 10.1 各类型涌浪波的分类表

椭圆余弦波	斯托克斯波	孤立波	潮波
波形对称	波形垂直方向对称	波形垂直方向对称	不对称波形
波峰和波谷长度相当	波谷长于波峰		前波陡，尾翼缓
多个等量的波峰	多个波峰	一个主波峰	一个主波峰
$a_{ti}=a_i$	$a_{ti}<a_i$	波谷几乎缺失	$a_{ti}<a_i$
没有空气作用	少量空气作用	少量空气作用	大量空气作用
$a_M<1/2h$	$a_M<h$	$a_M<h$	$a_M<h$

注：a/a_i 为波幅/波幅序列；a_{ti} 为波谷幅度序列；a_M 为最大波幅；h 为水深。

这些地质灾害涌浪波因形成条件不同而形成了不同的波类型，在波浪理论中这些波类型有着特定的数学描述。非线性波理论中的浅水波（Shallow Water Wave）模型和 Boussinesq 模型可用于对这些地质灾害涌浪波进行数学描述，且在波浪理论的实际数值模拟应用中较为广泛（廖玲琬，2008）。

浅水波是指水深 h 相对波长 λ 很小时（一般取 $h<1/20\lambda$）的波动，又称长波。以滑坡产生涌浪为例，涌浪的产生原理是滑体进入水体后，将能量传递给水体，引起水面波动，波长远大于水深，波浪借由河道地形的变化而长距离传递。其传播速度与波长无关，仅取决于水深。其运动方程可由动量守恒 [式（10.4）] 和质量守恒 [式（10.5）] 的连续方程表达（薛艳等，2010），即

$$\frac{\partial v}{\partial t}+(v\cdot\nabla)v=-g\nabla h-C_f\frac{v|v|}{d+h} \tag{10.4}$$

$$\frac{\partial(d+h)}{\partial t}=-\nabla\{(d+h)v\} \tag{10.5}$$

式中，v 为水平速度向量，m/s；

g 为重力加速度，m/s²；

h 为涌浪振幅，m；

C_f 为摩擦系数；

d 为水深，m；

$\nabla = (\partial/\partial x, \partial/\partial y)$ 为水平梯度。

在式（10.4）中的左边分布为局部的加速度和非线性平流项，右边则表示为压力梯度和底部摩擦力。该模型广泛应用于海啸的预测预报中，TUNAMI 的基本原理就是利用有限差分法的非线性浅水波方程。

探讨波浪运动的各种理论中，含波浪变形的非线性和频散效益的 Boussinesq 等式考虑波浪的浅化、折射、非线性及分散性，与实际河道波浪运动现象吻合程度较高，有别于浅水波方程式因假设流场的垂直方向为均匀分布所忽略的分散效应。

Boussinesq 模型由 Boussinesq 于 1872 年提出，主要的理论基础是将流场的垂直方向分布以多项式级数形式近似表示。在 Nwogu 方法的基础上，Wei 等增加了非线性频散项，发展了新的 Boussinesq 等式。式（10.6）、（10.7）为 Wei 等 1995 年提出的全非线性 Boussinesq 等式。式（10.6）和式（10.7）分别是质量守恒和动量守恒方程。

$$\eta_t + \nabla \cdot \{(h+\eta)[u_a + (z_a + 0.5(h-\eta))\nabla(\nabla \cdot (hu_a)) + (0.5z_a^2 - \frac{1}{6}(h^2 - h\eta + \eta^2))\nabla(\nabla \cdot u_a)]\} = 0 \tag{10.6}$$

$$u_{at} + (u_a \cdot \nabla)u_a + g\nabla\eta + z_a[\frac{1}{2}z_a\nabla(\nabla \cdot u_{at}) + \nabla(\nabla \cdot (hu_{at}))] + \nabla\{\frac{1}{2}(z_a^2 - \eta^2)(u_a \cdot \nabla)(\nabla \cdot u_a) + \frac{1}{2}[\nabla \cdot (hu_a) + \eta\nabla \cdot u_a]^2\} + \nabla\{(z_a - \eta)(u_a \cdot \nabla)(\nabla \cdot (hu_a)) - \eta[\frac{1}{2}\eta\nabla \cdot u_{at} + \nabla \cdot (hu_{at})]\} = 0 \tag{10.7}$$

式中，η 为水面高度，m；

h 为水深，m；

u_a 为水深 $z = z_a = -0.531h$ 处的水平速度，m/s；

t 为指对时间的偏导数。

根据波浪数学模型，水波动力学模型可分为包辛奈斯克模型（Boussinesq-type Models）、非线性浅水波模型（Non-linear Shallow Water Wave Equations）和潜势流模型（Potential Flow Equations）。应用 Boussinesq 系列等式进行涌浪数值模拟的工作在国内尚处于发展阶段，开源程序较多，商业软件较少。采用这些模型，部分国外学者对一些地质灾害涌浪实例进行了研究。

波浪理论关注于自由液面（水面）的运动，与地质灾害涌浪预测关注对象一致，在国外广泛应用于各类型涌浪及海啸的预测预报中，如美国国家海洋和大气管理局（National Oceanic and Atmospheric Administration，NOAA）目前主要使用南加利福尼亚大学研制的 MOST（Method Of Splitting Tsunami），康奈尔大学研制的海啸数值模拟软件 COMCOT（Cornell Multi-grid Coupled Tsunami Model），日本东北大学研制的 TUNAMI 模型等。

武汉地质调查中心在四阶包辛奈斯克模型 GEO-WAVE 基础上，结合 3S（GPS、GIS、RS）技术，二次开发形成了库区崩塌滑坡涌浪灾害的快速评价系统软件（FAST，Fast Assessing System for Tsunami）。GEO-WAVE 模型在国外进行了实例验证，取得了较好的应用效果。

10.2 FAST/GEO-WAVE 模型

典型的滑坡涌浪有三个阶段：形成、传播、爬高或淹没。库区崩塌滑坡涌浪灾害快速评价系统软件（FAST）改进融合了 GEO-WAVE 模型和 3S 技术，能够高效地处理初始涌浪计算、传播爬高计算，能够更直观地展示一维（1D）水质点、二维（2D）水面线、三维（3D）水体区域的水面高程情况，能够进行计算后各水质点最大波高或波幅的查看巡视。FAST 软件可分为前处理的数据输入、初始涌浪计算、涌浪传播计算和结果后处理这四个阶段三大模块，详细的流程图见图 10.1。

综合开发的 FAST 软件与 GEO-WAVE 模型相比较，增强了如下功能：①通过整理分析物理相似试验数据，专门针对水库崩塌滑坡涌浪源设置了相应计算模块，并按崩塌滑坡涌浪类型进行划分；②修改了 GEO-WAVE 繁复的数据输入格式，采用国内较为常用的 GIS 矢量数据格式，增加自检环节，减少输入的错误率，增强了可操作性和计算效率；③利用三维图形技术自动处理计算结果文件，形成三维水体随时间的动画文件；④增加了 RS 遥感影像的叠加技术和随鼠标显示 GPS 位置功能，为直观展示涌浪灾害提供专业化的视角平台。

10.2.1 崩滑体初始涌浪计算

崩滑体初始涌浪对整个崩滑涌浪分析而言是至关重要的，它是传播浪的源，涌浪源的精确性决定涌浪传播和爬高计算的准确性。而这一初始涌浪源与崩塌滑坡失稳模式有着较大关联，不同失稳模式的崩滑体入水会产生不同的涌浪效应。因此需要对分析的崩滑对象进行相应的工程地质分析，以确定需要采用的崩塌滑坡涌浪源计算模型。在 FAST 崩塌滑坡初始涌浪计算模块中，根据崩塌滑坡入水失稳类型，采用不同的初始涌浪源。本文采用的初始涌浪计算公式为美国地质

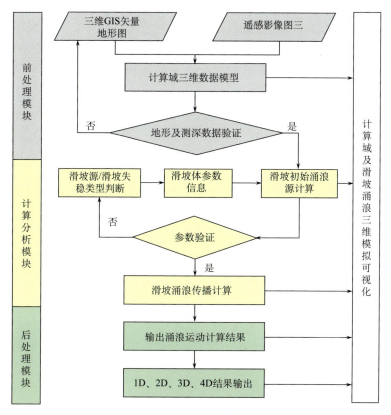

图 10.1　崩塌滑坡涌浪计算数值模拟流程图

调查局和美国流体力学公司通过因次分析和物理相似试验分析得到的，该涌浪源波高的公式见式（10.8），波长公式为式（10.9）。该公式预测值与物理相似试验值相关性为 0.66。

$$\eta = 1.32 \left(\frac{t_s \sqrt{g/h}}{V/h^2} \right)^{-0.68} \quad (10.8)$$

$$\lambda = 0.27 t_s \sqrt{gh} \quad (10.9)$$

式中，η 为初始特征波高，t_s 为滑体水下运动时间，h 为静止水深。

在涌浪波形成期间，涌浪波势能和动能基本是由崩滑体的能量传导而产生。因此崩滑体水下运动停止时间 t_s 也是初始涌浪波的形成时间 t_0。当 $t=t_0$ 时，河面形成波高为 η、波长为 λ 的涌浪孤立波。与此同时，涌浪进入传播阶段。

10.2.2　传播及爬高计算

从波的类型上看，滑坡涌浪波属于非线性浅水波。但利用 Boussinesq 方程计算滑坡涌浪传播比非线性浅水波模型（NSWW）更优越。最重要的一个原因是，NSWW 模型在深度方向上采用统一的水平速度，忽略了方向的加速度对流体压力的影响，造成波浪在起伏的河床传播时计算不准确。Boussinesq 方程是在非线性长波方程的基础上增加了垂直方向上的加速度附加项，因而 Boussinesq 模型能提供更符合现实的垂向水动力。也因为此，Boussinesq 模型能捕捉到 NSWW 很难捕捉的波浪现象。例如 Tappin 利用 TUNAMI-N2、MOST 和 FUNWAVE 的 NSWW 模型模拟 1998 年 New Guinea 滑坡涌浪事件时发现，没有一个 NSWW 模型有效地将高度非线性、较短波长的滑坡涌浪波传至水深小于 20m 的浅水区域，导致海啸在距 Sissano Lagoon 海滩 2000m 时就消失了。Boussinesq 模型则可以有效地模拟高波幅短波长涌浪，而且能很好地再现库岸对波的影响。另外一个 Boussinesq 模型能捕捉到的独特水波现象是近平行于岸线传播的边缘波现象，边缘波爬高后经常形成较大的涌浪风险。在公开文献中，Boussinesq 模型能提供更多的符合现实的滑坡涌浪模拟结果。

GEO-WAVE 中应用了美国特拉华大学开发的四阶包辛奈斯克模型开源程序 FUNWAVE 作为传播及爬高计算模型。FUNWAVE 是基于 Wei 的 Boussinesq 精确解的带散射的非线性波浪模型。FUNWAVE 传播模型是完全非线性的，能够模拟各种波而不仅限于长波。FUNWAVE 的主要功能是产生波浪源和边界条件，模拟波浪传播以及波浪传播过程中波浪破碎和爬高。

10.2.3　3S 技术的前后处理模块

GEO-WAVE 为一开源程序，其前处理和后处理都需要其他软件进行对接，输入输出文件均为 ASCII 文件，自身无前后处理的功能。在形成输入计算文件方面，由于需要多个软件进行对接，格式变换复杂，形成的文件出错率高，计算不收敛率高。因此，入门操作十分困难，需要较长的时间进行准备和调试。在输出文件的后处理上，由于计算只涉及水波部分，大部分陆地在结果文件中被过滤掉了，因此显示结果可视化和实用性非常差。

将水库三维数据模型与崩塌滑坡涌浪的数值计算成果结合起来，利用 3S 技术和三维可视化技术将研究对象信息及计算结果用图形图像方式形象、直观地显示出来，可实现崩滑体涌浪运动过程的可视化模拟分析和动态演示。其主要实现步骤如下。

（1）数据前处理。包括计算域的三维数据模型和初始崩滑涌浪数据模型。计算域的数据模型主要有大区域的山体三维模型、遥感影像 DEM 模型和水的测深数据。利用 C 语言程序，将输入的矢量化 GIS 图形输出为 GEO-WAVE 识别的 ASCII 文件。显示 ASCII 文件，查找矢量化空白数据问题。同时，将转换文件形成三维影像，要求客户端进行确认，减少计算区三维数据的错误率。遥感影像

DEM 模型在与输入的 GIS 图形进行配准后，可转换成图层进行添加。初始滑坡涌浪数据的准备按照滑坡初始涌浪计算公式参数提供即可，如参数输入错误或需要调整，可在此阶段进行重复操作。

（2）计算分析。进入涌浪传播计算阶段后，按照用户的设置分别自动保存计算时步结果文件和最终计算结果文件。采用 ARCMAP 的开发工具，批量地对时步文件进行布尔切割运算，叠加计算区的山体三维模型或遥感 DEM 模型，渲染生成不同时刻三维山体和三维水体的计算结果，直观显示不同时刻下水面高程变化情况。

（3）数据后处理。在计算文件生成中其实已经包含了一些后处理基本功能。在该模块中可以显示一维（1D）单个水质点在时间轴上高程的变化，显示二维（2D）若干点间河面水质点高程变化线，显示任意面切割后的三维（3D）水体、山体的影像，可生成旋转、放大等效果的时间与空间滑坡涌浪动态画面。同时采用相交分析，可以获得爬高值及波浪爬坡的动态画面。集成 GIS 技术，可以采集任意时步河面任意点的高程和对应的 GPS 信息。

10.3 龚家坊崩滑体涌浪分析与验证研究

本文采用 Boussinesq 模型对龚家坊涌浪进行分析，一方面对比验证滑坡动态特征数据和模型的正确性；另一方面完善龚家坊滑坡涌浪的各种数据链，更深入地研究滑坡涌浪的特征。

计算龚家坊滑坡涌浪源需要的输入值如表 10.2。根据龚家坊滑坡与水位的关系和运动特征，可以将龚家坊涌浪源归为 Boussinesq 模型几种地质灾害涌浪源中的浅层滑坡源。

重庆市三峡地质灾害防治办公室对龚家坊进行了水下剖面测量（重庆市 107 地质队 2009）（图 10.2），滑坡物质停止的最低高程为 30m 左右。滑体物质停止在高程 210~30m，最厚处在高程 90m 附近。经过计算，最终滑体重心停留在高程约为 125m 处，因此滑坡的最终停留处水深（Typical final depth）为 47m，滑坡重心在水下的运动距离约 89m。由捕捉到的滑坡运动特征可知，滑体的运动不是匀速的。很多物理试验资料表明（Fritz et al.，2004；Ataie and Malek，2007），当滑体的重心和水面高程相当时，速度最大，入水后开始减速。据此推断，龚家坊最大速度 11.65m/s 时，其重心与水面高程一致。因此 11.65m/s 可视为滑体的冲击速度（Impact velocity）。以 11.65m 的速度入水，滑行距离 100m，最终速度为 0m/s。假定水下阻力为定值，应用牛顿运动定律计算，水下运动时间则为 15.3s。

将这些参数输入模型，经过计算得到龚家坊涌浪近场特征值（见表 10.2 输

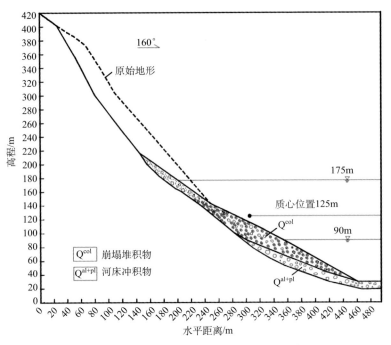

图 10.2 龚家坊水下测量剖面图（重庆市 107 地质队，2009）

出栏）。

数值模拟的计算域可见图 10.3。该区域长 23km，宽 10.4km，利用 24m× 24m 的网格划分为 958 列，435 行。每时步为 0.197s，本次工作计算了 8000 时步，即模拟涌浪传播时间 1600s。通过利用开源的 Boussinesq 模型计算，得到了大量的涌浪传播和爬高数据。

表 10.2 龚家坊涌浪源输入输出参数

输入参数		输出参数	
质心停止高程	125m	滑坡平均加速度	-0.76m/s^2
崩塌体体积	380000m³	波长	88.7m
入水速度	11.65m/s	Froude 系数	0.54
水下运动距离	89m	特征波幅	15.24m
水下运动时间	15.3s	u 速度	-1.53 m/s
滑坡宽度	194m	V 速度	-4.22 m/s

模型计算得到波的最初传播速度为 18.5m/s，涌浪在传播过程中最大的浪高为 31.5m。

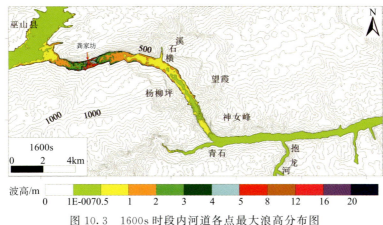

图 10.3 1600s 时段内河道各点最大浪高分布图

通过涌浪最大浪高图和剖面图可知，在主航道上（横剖面方向），涌浪可分为急剧衰减区和平缓衰减区。急剧衰减区呈指数函数形式下降规律，平均 100m 内涌浪下降高度为 12m。该急剧衰减区约有 400m 长，是涌浪危害航道的重点区域，一般是滑坡涌浪激发地的附近水域。平缓衰减区满足缓斜线形式下降规律，平均 100m 内涌浪下降高度为 0.095m。由于水波的折射、反射和叠加作用，使得沿程河道中的波高并非呈简单单一下降趋势，而是一个复杂的波变化衰减过程（图 10.4）。因此，平缓衰减区的浪高一般为起伏形下降，该区域是滑坡涌浪危害的拓展区域，长度非常长。

在河道纵剖面方向上，除急剧衰减区外，涌浪传播过程中深水区的浪高明显低于浅水区的浪高，表明浅水区岸坡加剧了波浪壅高和爬高（图 10.5）。在沟谷内和地形急剧变窄区域，涌浪高度明显提高，出现放大效应。河道由窄突然变宽的峡口区域，涌浪也显现快速衰减的现象。

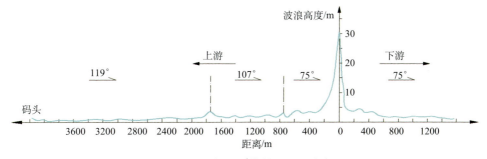

图 10.4 河道 A-A′横剖面最大波高图

从计算观测点的水位过程线来看，水质点最大水位也呈指数形式下降。最开始的质点运动形式为波幅大、周期短（约 12s）的复合波形；过渡为波幅较大、

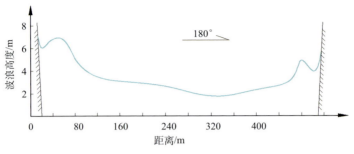

图 10.5 河道 B-B′ 纵剖面最大波高图

周期较长（约 30s）的复合波形；最终演变为波幅小、周期长（约 35s）的简单波形（图 10.6）。它基本代表了河道中所有水质点经过的波浪运动全过程：波的形成—波的叠加与衰减—逐渐平静。

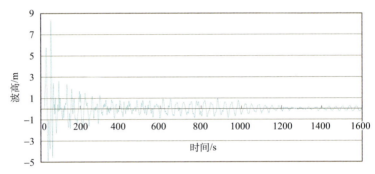

图 10.6 计算观测点水位过程线图

从瞬时水面图来看（图 10.7），涌浪以滑坡体入水处为源点迅速向四周推进。在推进过程 $T=17.7″$ 时形成 31.5m 的最大涌浪（3），而后在 47.1s 时冲上了对岸，在对岸最大爬坡高度达到 12.4m（40）。传播方向由最开始的滑动方向为主转化为沿河道方向为主，加大了河道的纵向流动性。$T=308.5″$ 时最大涌浪传递至巫山新县城码头，涌浪高度为 1.3m；平均波速为 17.05m/s（365）。$T=814.5″$ 后整个河道的浪高均小于 1m，水面开始进入小幅震荡阶段。此时船行驶形成的浪仍可能与涌浪叠加后形成较大的波浪，因此即使滑坡发生 13min 后船只特别是小型船只通行仍具有一定风险性。

模型计算得到波的最初传播速度为 18.5m/s，这与估算捕捉到的最初波速 18.36m/s 非常接近。涌浪在传播过程中最大的浪高为 31.5m，这与捕捉到的最大波高 31.8m 也非常接近（图 10.8）。通过对比沿岸爬高调查值和模拟计算值发现，除龚家坊旁侧一个调查点值相差较大外（可能与微地貌有关），其他各值拟

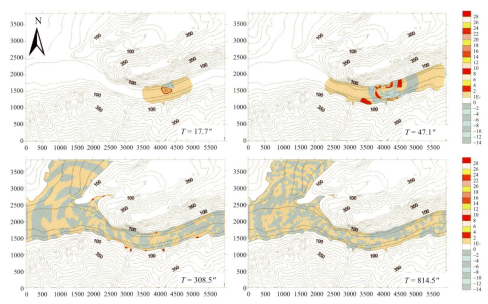

图 10.7　龚家坊滑坡后瞬时水面图

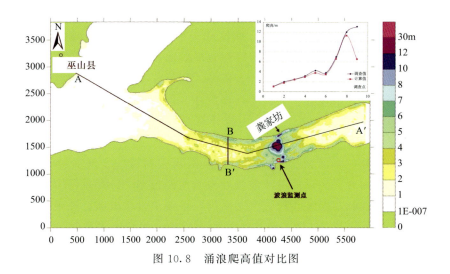

图 10.8　涌浪爬高值对比图

合度非常高，平均相差值为 6.5‰。包含这个较大误差点，两组数据的相关性（r^2）为 0.892；若不包括这个误差点，两组数据的相关性（r^2）为 0.999。这些表明该计算模型和计算参数非常符合实际，其数据结果可用于还原龚家坊滑坡涌浪主事件。

10.4 箭穿洞、龚家坊4#斜坡、茅草坡涌浪预测

对受库水影响严重，且目前处于变形阶段的箭穿洞危岩体、茅草坡及龚家坊4#斜坡开展了涌浪数值模拟，预测其产生涌浪情况。

10.4.1 箭穿洞危岩体涌浪预测

1. 箭穿洞危岩体涌浪模型

地形主要采用1:1万地形图，河床高程采用一段赋予平均高程来给定，箭穿洞附近河床高程为70m，综合形成计算地形。模拟计算区域介于公里网格 X 方向上37401000—374070000，Y 方向上3432000—3436000之间（图10.9），计算域长约6000m，宽约4000m，采用12m×12m的网格划分为501列，339行。计算区域内长江长约4.8km，支流神女溪长约5.4km。计算区地貌为典型峡谷地貌，山高水深，支流河道蜿蜒。计算域内包括的主要居民点有青石、神女溪水文站、神女溪旅游接待站。

由于计算资源和时间有限，没有进行更长距离的涌浪传播计算。根据以往的计算经验，该计算域已经包括急剧衰减区和至少2km的平缓衰减区域，而且包括了较长距离的支流区域。根据涌浪沿程衰减规律，可以推测更长距离的最大浪高。更长距离地模拟极大地增加了计算资源，这需要极大的计算内存，更长时间地模拟需要更长时间的计算和更大的计算内存，但只是模拟了更长时间水波的荡漾。因此，采用这一6000m×4000m的计算域可以满足箭穿洞危岩涌浪计算要求。

每个时步计算一个河面状态，前一个河面状态为后一个河面计算的初始状态，最开始的河面状态为涌浪源波浪场和原始河面控制。计算过程中，根据波浪理论，当波陡（波幅与半波长比）大于7后，该波浪发生波破，波浪坍塌至波陡小于7。河岸网格设置容许地表水体在陆地上传播，当波峰传来时，地表水体沿着河岸水跃爬坡。河道的两侧计算边界处理为由10个节点组成的海绵式流出边界，该边界吸收波能，缓慢减少波浪的波高至零。该类型边界效应造成波在河道流出边界发生部分折射，影响边界附近20倍节点间距的河道（约200m）波高计算有误差。

2. 计算参数的确定

根据箭穿洞危岩体的几何形态，假定其座滑后完全浸没，如果崩滑体不解体，岩块停止的重心高程为130m，估计一部分物质会脱离破碎，因此重心下

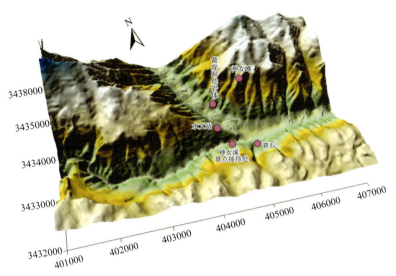

图 10.9　箭穿洞附近居民点及地貌三维示意图

移，计算采用水下重心位置为 125m。箭穿洞因此危岩体滑下的最终停留处水深为 50m。水下地形约 35°～40°，因此重心在水下运动距离约 80m。假定入水后阻力一致（汪洋、殷坤龙，2003），根据牛顿定律，座滑式入水可列式（10.10）、式（10.11）；可得到水下运动时间为 10.2s，取 10s 进行计算，即

$$\frac{1}{2}at^2 = s \tag{10.10}$$

$$v = at \tag{10.11}$$

式中，a 为加速度，取 2.23m/s^2；s 为滑距，175m 水位时取 75m；当 156m 时，滑距为 100m；当 145m 时，滑距为 90m。

根据式（10.10）、式（10.11）计算得到当 175m 时入水速度为 15.6m/s；当 156m 时入水速度为 17.7m/s；当 145m 时入水速度为 19.5m/s。

根据上述几何参数和运动参数，箭穿洞危岩座滑后产生初始涌浪的输入参数和初始涌浪场输出参数见表 10.3。

表 10.3　箭穿洞涌浪源输入输出表

输入参数		初始涌浪源	
滑动落差	50m	滑坡减速度	−1.56m/s
入水体积	360000m³	特征波长	59.8m

续表

输入参数		初始涌浪源	
入水速度	15.6m/s	Froude 冲击系数	0.704
水下滑动距离	80m	特征波幅	27.1m
崩滑体入水宽度	70m	u 速度	-4.60 m/s
崩塌体平均厚度	50m	v 速度	-4.60 m/s

3. 涌浪数值模拟分析

计算每时步为 0.111s，计算 10000 时步，共模拟 1110s 的涌浪过程。经过 FAST 计算，得到了一系列的结果文件。从瞬时水面图来看，涌浪以箭穿洞危岩体入水处为源点迅速向四周推进（图 10.10）。在推进过程 $T=11.4''$ 时形成

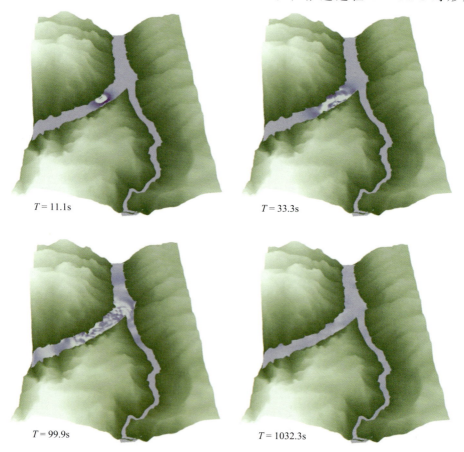

图 10.10 箭穿洞座滑后瞬时水面图

32.1m 的最大涌浪，而后在 23.9s 时冲上了对岸，在对岸最大爬坡高度达到 24.1m。传播方向由最开始的滑动方向为主转化为沿河道方向为主，加大了河道的纵向流动性。$T=76.7''$ 时最大涌浪传递至神女溪水文站，涌浪高度为 9.51m，涌浪直接翻过山嘴。$T=107.4s$ 时，最大涌浪波抵达青石居民点，浪高 4.24m。475s 后最大浪到达青石旅游接待点，浪高 2.49m。$T=1076.7''$ 后计算域河道的浪高均小于 1m，水面开始进入处于小幅震荡阶段。此时船行驶形成的浪仍可能与涌浪叠加后形成较大的波浪，因此即使滑坡发生 18min 后船只特别是小型船只通行仍具有一定风险性。

通过涌浪最大浪高图和剖面图可知，在主航道上（横剖面方向），涌浪可分为急剧衰减区和平缓衰减区。急剧衰减区呈指数函数形式下降规律，平均 100m 内涌浪下降高度为 4m。该急剧衰减区约有 800m 长，上下游各 400m 长，是涌浪危害航道的重点区域，一般是滑坡涌浪激发地的附近水域（图 10.11）。平缓衰减区满足缓斜线形式下降规律，平均 100m 内涌浪下降高度为 0.1~0.2m。由于水波的折射、反射和叠加作用，使得沿程河道中的波高并非呈简单单一下降趋势，而是一个复杂的波变化衰减过程（汪洋、殷坤龙，2008）。因此，平缓衰减区的浪高一般为起伏形下降，该区域是滑坡涌浪危害的拓展区域。

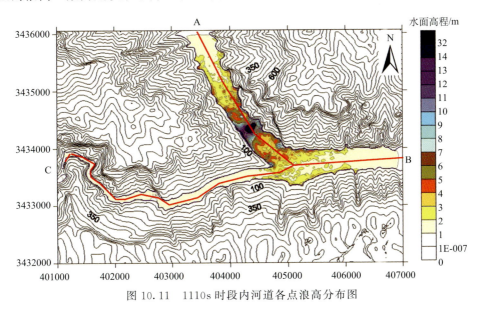

图 10.11 1110s 时段内河道各点浪高分布图

在河道剖面方向上，除急剧衰减区外，涌浪传播过程中深水区的浪高明显低于浅水区的浪高，表明浅水区岸坡加剧了波浪壅高和爬高。在沟谷内和地形急剧变窄区域，涌浪高度明显提高，出现放大效应。河道由窄突然变宽的峡口区域，涌浪也显现快速衰减的现象（图 10.12）。

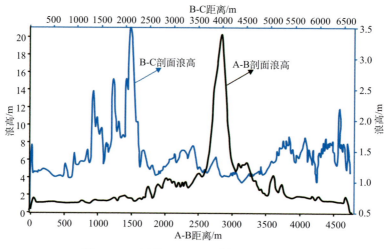

图 10.12 河道 A-B、B-C 剖面最大波高图

在 1110s 内，计算的河道里最大的爬高位于箭穿洞下游 100m 冲沟内，最大爬高为 32m。在对岸造成的最大爬高为 24m，在青石水文站涌浪爬高 15m，淹没了 190m 以下的山嘴。由于峡口出口的急剧衰减效应，涌浪高度减低，在青石的最大爬高约 6m，在神女溪内河道变窄，有放大效应，爬高约 3m。河道沿岸的爬高受最大涌浪高度的控制，受地形地貌的约束，各河道大致的涌浪高度可参见图 10.13。

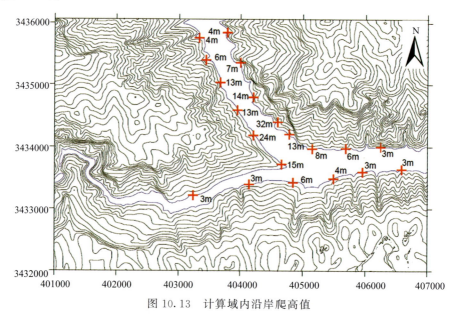

图 10.13 计算域内沿岸爬高值

10.4.2 龚家坊4#斜坡涌浪数值模拟分析

1. 龚家坊4#斜坡涌浪模型

涌浪模拟区的地形数据主要采用1:1万矢量化的地形图,水面以下河床高程没有测量值,按照斜坡的坡度大小推测给出,龚家坊4#斜坡附近河床高程给定为60m,综合以上地形数据形成计算地形。模拟计算区域介于公里网格X方向上 392031.09—415001.12,Y方向上 3431543.6—3441968.93 之间(图10.14),计算域长约23km,宽约10.4km。根据长江水位及输入参数的不同,选用适合的栅格进行模拟计算。采用22m×22m的网格将计算域划分为1045列、475行,计算库区水位为175m时的滑坡涌浪;采用25m×25m的网格将计算域划分为920列、418行,计算库区水位为156m、145m时的滑坡涌浪。计算区域内长江长约25.8km。计算区为高山峡谷地貌,山高水深。

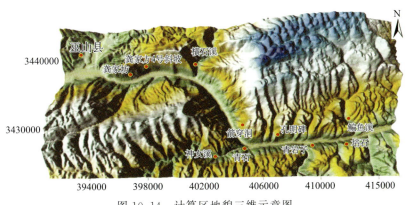

图10.14 计算区地貌三维示意图

2. 计算参数的确定

龚家坊发生崩滑后,经测量其堆积体的天然休止角为30°。龚家坊4#斜坡与龚家坊崩滑体所处位置的斜坡坡角、地质环境相似,以此为依据,推测龚家坊4#斜坡发生崩滑后,其堆积体的形态与龚家坊堆积体形态相似,取自然休止角为30°,龚家坊4#斜坡发生崩滑后可能形态见图10.15。

根据龚家坊4#斜坡的几何形态,取变形体的重心位置为计算参照点,计算不同水位下的崩滑体入水速度。根据龚家坊发生崩滑的影像资料分析,当时间为18.52″时,滑体的速度最大,为11.65m/s,此后逐渐开始减速。假定该时间段崩滑体进行匀加速运动,则加速度值为0.63m/s²,龚家坊与龚家坊4#斜坡的斜坡环境相似,这一加速度值可用于龚家坊4#斜坡的入水速度计算;s为入水

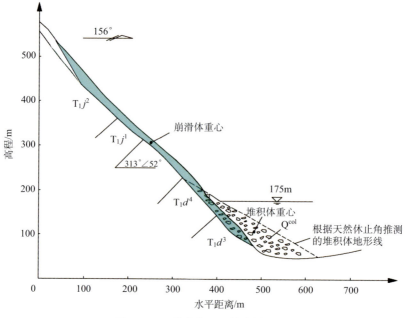

图 10.15 龚家坊 4# 斜坡剖面图

前滑距，175m 水位时取 183m；156m 水位时取滑距为 210m；145m 水位时取滑距为 224m。

根据牛顿运动定律计算得到当 175m 时入水速度为 15.2m/s；当 156m 时入水速度为 16.3m/s；当 145m 时入水速度为 16.8m/s。

根据上述几何参数和运动参数，龚家坊 4# 斜坡滑动产生初始涌浪的输入参数和初始涌浪场输出参数见表 10.4。

表 10.4 龚家坊 4# 斜坡涌浪源输入输出表

	输入参数		初始涌浪源	
	滑动落差	61.4m	滑坡减速度	0.95m/s^2
	入水体积	450000m^3	特征波长	106m
175m 水位	入水速度	15.2m/s	Froude 冲击系数	0.62
	水下滑动距离	117m	特征波幅	16.16m
	崩滑体入水宽度	200m	u 速度	1.44m/s
	崩塌体平均厚度	15m	v 速度	−3.23m/s

	输入参数		初始涌浪源	
156m 水位	滑动落差	42.4m	滑坡减速度	1.25m/s²
	入水体积	450000m³	特征波长	71.59m
	入水速度	16.3m/s	Froude 冲击系数	0.8
	水下滑动距离	93m	特征波幅	18.7m
	崩滑体入水宽度	200m	u 速度	2.33m/s
	崩塌体平均厚度	15m	v 速度	−5.24m/s
	输入参数		初始涌浪源	
145m 水位	滑动落差	31.4m	滑坡减速度	1.87m/s²
	入水体积	450000m³	特征波长	42.65m
	入水速度	16.8m/s	Froude 冲击系数	0.96
	水下滑动距离	75m	特征波幅	24.2m
	崩滑体入水宽度	200m	u 速度	2.52m/s
	崩塌体平均厚度	15m	v 速度	−5.7m/s

1) 175m 水位时的涌浪数值模拟分析

涌浪数值模拟的结果显示（图 10.16），滑坡体完全入水后 $T=21.7$s 时出现最大涌浪 15.2m，而后在 $T=29.4$s 时冲上对岸，对岸最大爬高为 9.4m，此后，波的传播方向由最开始的滑动方向为主转化为沿河道方向为主，加大了河道的纵向流动性。$T=129$s 时，最大涌浪传播至龚家坊，最大浪高约 2m；$T=315$s 时，最大涌浪传播至巫山码头，最大爬高约 1.2m；$T=363$s 时最大涌浪传播至青石居民点，最大爬高约 0.6m。$T=904$s 时，在涌浪源处波高仍有 1.7m，少数位置仍有高于 1m 的波浪传播，水面基本进入小幅震荡阶段。此时船行驶形成的浪仍可能与涌浪叠加形成较大的波浪，船只特别是小型船只通行仍具有一定风险性。

通过涌浪最大浪高图和剖面图可知，在主航道上（横剖面方向），涌浪可分为急剧衰减区和平缓衰减区（殷坤龙等，2008）。急剧衰减区呈指数函数形式下降规律，平均 100m 内涌浪下降高度约为 4m。该急剧衰减区约有 800m 长，上下游各 400m 长，是涌浪危害航道的重点区域，一般是滑坡涌浪激发地的附近水域（图 10.17）。平缓衰减区满足缓斜线形式下降规律，平均 100m 内涌浪下降高度为 0.1~0.2m。由于水波的折射、反射和叠加作用，使得沿程河道中的波高并非呈简单单一下降趋势，而是一个复杂的波变化衰减过程。因此，平缓衰减区的浪高一般为起伏形下降，该区域是滑坡涌浪危害的拓展区域，长度非常长。

在河道剖面方向上，除急剧衰减区外，涌浪传播过程中深水区的浪高明显低

$T = 21.55$s 时的瞬时水面图

$T = 71.5$s 时的瞬时水面图

图 10.16　龚家坊 4♯ 斜坡崩滑后瞬时水面图（175m 水位）

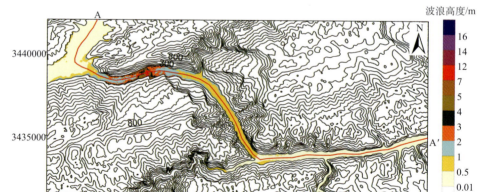

图 10.17　903s 时段内河道各点浪高分布图（龚家坊 4♯ 斜坡 175m 水位）

于浅水区的浪高，表明浅水区岸坡加剧了波浪壅高和爬高。在沟谷内和地形急剧变窄区域，涌浪高度明显提高，出现放大效应，如 0.5～1m 的浪高分布区域在涌浪源两侧出现了很大差异。在河道由窄突然变宽的峡口区域，如在神女溪口、巫山大桥，涌浪曲线显现出快速衰减的现象（姜治兵等，2005）（图10.18）。

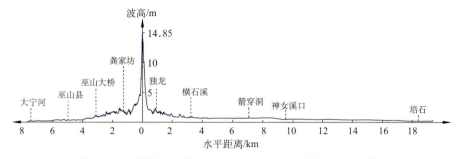

图10.18 河道内最大波高图（龚家坊4#斜坡175m水位）

在888s内，计算的河道里最大的爬高位于龚家坊4#斜坡对岸，最大爬高为9.4m，在龚家坊最大爬高为3.2m，在龚家坊斜对岸由于河道呈弧形内凹，涌浪传播有放大效应，最大爬高约5.1m，在巫山大桥峡口出口处，由于急剧衰减效应，涌浪高度减低，最大爬高约1.3m，在横石溪口河面宽度变宽，出现的最大爬高约1.2m。河道沿岸的爬高受最大涌浪高度的控制，受地形地貌的约束，各河道大致的涌浪高度可参见图10.19。

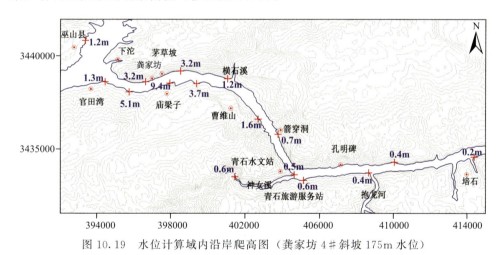

图10.19 水位计算域内沿岸爬高图（龚家坊4#斜坡175m水位）

2）156m水位时的涌浪数值模拟分析

涌浪数值模拟的结果显示（图10.20），滑坡体完全入水后$T=19s$时出现最大涌浪32.05m，而后在$T=28.5s$时冲上对岸，对岸最大爬高为12.5m，此后，波的传播方向由最开始的滑动方向为主转化为沿河道方向为主，加大了河道的纵向流动性。$T=137s$时，最大涌浪传播至龚家坊，最大爬浪高约2.3m；$T=$

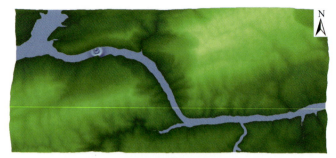

$T=24.1s$ 时的瞬时水面图

$T=66.3s$ 时的瞬时水面图

图 10.20　龚家坊 4#斜坡崩滑后瞬时水面图（156m 水位）

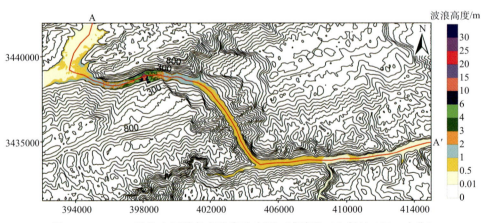

图 10.21　900s 时段内河道各点浪高分布图（龚家坊 4#斜坡 156m 水位）

371s 时，涌浪传播至巫山码头，巫山码头处最大爬高约 1.4m；$T=381.2s$ 时最大涌浪传播至青石居民点，涌浪高度约 0.6m。$T=899s$ 时，整个计算区域最大涌浪约 0.71m，没有大于 1m 的涌浪传播，水面基本进入小幅震荡阶段。此时船行驶形成的浪仍可能与涌浪叠加形成较大的波浪，船只特别是小型船只通行仍具有一定风险性。

通过涌浪最大浪高图和剖面图可知（图 10.21），长江 156m 水位时，涌浪的急剧衰减区域与 175m 水位时基本相同，而平均 100m 内涌浪下降高度增大至 8m。该急剧衰减区约有 800m 长，上下游各 400m 长，是涌浪危害航道的重点区域。平缓衰减区满足缓斜线形式下降规律，平均 100m 内涌浪下降高度为 0.1～0.2m。

在河道剖面方向上，与 175m 水位相比，由于水位下降，河谷变窄，涌浪高度为 1～2m、0.5～1m 的分布范围明显扩大，而在神女溪口、巫山大桥，涌浪曲线同样显现出快速衰减的现象（图 10.22）。

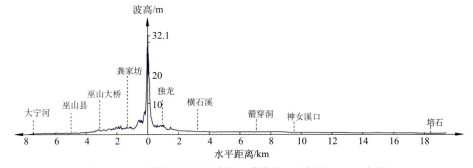

图 10.22　河道内最大波高图（龚家坊 4# 斜坡 156m 水位）

在 888s 内，计算的河道里最大的爬高位于龚家坊 4# 斜坡对岸，最大爬高为 12.5m，在龚家坊最大爬高为 4.0m，在巫山大桥峡口出口处，由于急剧衰减效应，涌浪高度减低，最大爬高约 2.0m，在横石溪口对面，河面宽度变宽，出现的最大爬高约 1.4m，而在横石溪内出现的最大爬高有 2.0m。河道沿岸的爬高受最大涌浪高度的控制，受地形地貌的约束，相较于 175m 水位，河道内各点的爬高都有明显增长的趋势。各河道大致的涌浪高度可参见图 10.23。

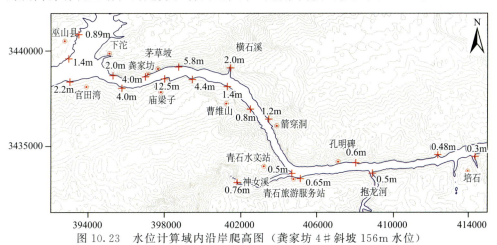

图 10.23　水位计算域内沿岸爬高图（龚家坊 4# 斜坡 156m 水位）

3) 145m 水位时的涌浪数值模拟分析

涌浪数值模拟的结果显示（图10.24），滑坡体完全入水后 $T=9.9s$ 时出现最大涌浪 34.3m，而后在 $T=43.5s$ 时冲上对岸，对岸最大爬高为 13.4m，此后，波的传播方向由最开始的滑动方向为主转化为沿河道方向为主，加大了河道的纵向流动性。$T=155s$ 时，最大涌浪传播至龚家坊，最大浪高 2.7m；$T=282s$ 时，最大涌浪传播至巫山码头，巫山码头处最大爬高约 1.4m；$T=395.5s$ 时最大涌浪传播至青石居民点，涌浪高度约 0.7m。$T=895s$ 时，整个计算区域最大涌浪约 0.47m，没有大于 1m 的涌浪传播，水面进入小幅震荡阶段。此时船行驶形成的浪仍可能与涌浪叠加形成较大的波浪，小型船只通行仍具有一定风险性。

通过涌浪最大浪高图（图10.25）和剖面图可知，长江 145m 水位时，涌浪的急剧衰减区域与 175m 水位时基本相同，而平均 100m 内涌浪下降的高度增大至 8m。该急剧衰减区约有 800m 长，上下游各 400m 长，是涌浪危害航道的重点区域。平缓衰减区满足缓斜线形式下降规律，平均 100m 内涌浪下降高度为 0.1～0.2m。

$T=14.5s$ 时的瞬时水面图

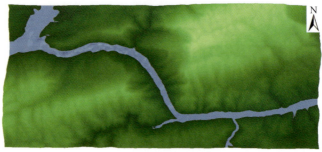

$T=31.2s$ 时的瞬时水面图

图 10.24　龚家坊 4# 斜坡崩滑后瞬时水面图（145m 水位）

在河道剖面方向上，与 175m、156m 水位相比，由于水位下降，河面宽度进一步减小，涌浪高度为 1～2m、0.5～1m 的分布范围进一步扩大，而在神女

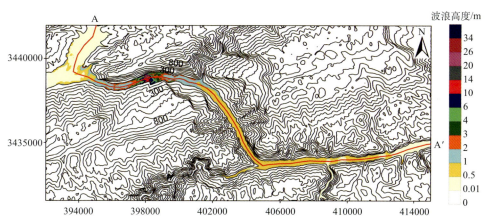

图 10.25　896s 时段内河道各点浪高分布图（龚家坊 4♯斜坡 145m 水位）

溪口、巫山大桥，涌浪曲线同样显现出快速衰减的现象（图 10.26）。

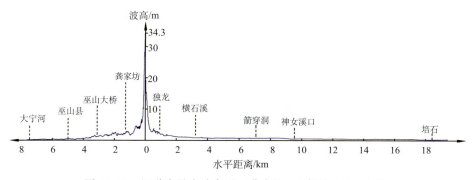

图 10.26　河道内最大波高图（龚家坊 4♯斜坡 145m 水位）

在 888s 内，计算的河道里最大的爬高位于龚家坊 4♯斜坡对岸，最大爬高为 13.4m，在龚家坊最大爬高为 5.2m，龚家坊对岸出现的最大爬高有 6.0m，在巫山大桥峡口出口处，由于急剧衰减效应，涌浪高度减低，最大爬高约 1.7m，在横石溪口对面，河面宽度变宽，出现的最大爬高约 1.2m，而在横石溪内出现的最大爬高有 2.0m。河道沿岸的爬高受最大涌浪高度的控制，受地形地貌的约束，相较于 175m 水位，河道内各点的爬高都有明显增长的趋势，而相较于 156m 水位，河道内各点的爬高变化不大。各河道大致的涌浪高度可参见图 10.27。

图 10.27　水位计算域内沿岸爬高图（龚家坊 4#斜坡 145m 水位）

10.4.3　茅草坡涌浪数值模拟分析

1. 茅草坡涌浪模型

茅草坡与龚家坊 4#斜坡采用相同的涌浪模拟区，模拟计算区域介于公里网格 X 方向上 392031.09—415001.12，Y 方向上 3431543.6—3441968.93 之间，计算域长约 23km，宽约 10.4km。根据长江水位及输入参数的不同，选用适合的栅格进行模拟计算。采用 22m×22m 的网格将计算域划分为 1045 列、475 行，计算库区水位为 175m 时的滑坡涌浪；采用 30m×30m 的网格将计算域划分为 767 列、349 行，计算库区水位为 156m、145m 时的滑坡涌浪。

2. 计算参数的确定

龚家坊发生崩滑后，经测量其堆积体的天然休止角为 30°。茅草坡与龚家坊崩滑体所处位置的斜坡坡角、地质环境相似，以此为依据，取茅草坡发生崩滑后的自然休止角为 30°，斜坡发生崩滑后可能形态见图 10.28。

根据茅草坡的几何形态，取变形体的重心位置为计算参照点，计算不同水位下的崩滑体入水速度。根据龚家坊 4#斜坡计算参数的确定方法，取茅草坡发生崩滑时的加速度值为 $0.63m/s^2$。斜坡入水前的滑距为 s，175m 水位时取滑距为 99m；156m 水位时取滑距为 109m；145m 水位时取滑距为 128m。

根据牛顿运动定律计算得到当 175m 时入水速度为 11.2m/s；当 156m 时入水速度为 11.7m/s；当 145m 时入水速度为 12.7m/s。

根据上述几何参数和运动参数，茅草坡斜坡滑动产生初始涌浪的输入参数和

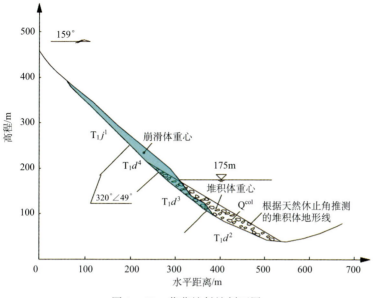

图 10.28　茅草坡斜坡剖面图

初始涌浪场输出参数见表 10.5。

表 10.5　茅草坡涌浪源输入输出表

	输入参数		初始涌浪源	
175m 水位	滑动落差	63m	滑坡减速度	0.62m/s^2
	入水体积	400000m^3	特征波长	120m
	入水速度	11.2m/s	Froude 冲击系数	0.45
	水下滑动距离	102m	特征波幅	12.3m
	崩滑体入水宽度	236m	u 速度	0.9m/s
	崩塌体平均厚度	15m	v 速度	-2.33m/s
	输入参数		初始涌浪源	
156m 水位	滑动落差	44m	滑坡减速度	0.75m/s^2
	入水体积	400000m^3	特征波长	86.4m
	入水速度	11.7m/s	Froude 冲击系数	0.56
	水下滑动距离	90m	特征波幅	13.77m
	崩滑体入水宽度	236m	u 速度	1.72m/s
	崩塌体平均厚度	15m	v 速度	-4.47m/s

续表

	输入参数		初始涌浪源	
145m 水位	滑动落差	33m	滑坡减速度	1.08m/s^2
	入水体积	400000m^3	特征波长	57.3m
	入水速度	12.7m/s	Froude 冲击系数	0.71
	水下滑动距离	75m	特征波幅	16.59m
	崩滑体入水宽度	236m	u 速度	1.89m/s
	崩塌体平均厚度	15m	v 速度	−4.93m/s

3. 涌浪数值模拟分析

根据以往的计算经验，不同水位情况下各计算 8000 时步，计算每一时步为 0.111s，分别模拟 888s 的涌浪过程，获得一系列的结果文件。从瞬时水面图来看，涌浪以滑坡体入水处为源点迅速向四周推进。

1) 175m 水位时的涌浪数值模拟分析

涌浪数值模拟的结果显示（图10.29），滑坡体完全入水后 $T=20.5$s 时出现最大涌浪 9.7m，而后在 $T=29.6$s 时冲上对岸，对岸最大爬高为 8.4m，此后，

$T=23.5$s时的瞬时水面图

$T=73.5$s时的瞬时水面图

图 10.29 茅草坡斜坡崩滑后瞬时水面图（175m 水位）

波的传播方向由最开始的滑动方向为主转化为沿河道方向为主，加大了河道的纵向流动性。$T=123.5s$ 时，最大涌浪传播至龚家坊，涌浪高度达 1.1m；$T=204s$ 时，最大涌浪传播至巫山码头，最大爬高约 1.0m；$T=379s$ 时最大涌浪传播至青石居民点，最大爬高约 0.4m。$T=904s$ 时，涌浪源附近的最大浪高为 1.7m，整个水面基本进入小幅震荡阶段，此时船行驶形成的浪仍可能与涌浪叠加形成较大的波浪，船只特别是小型船只通行仍具有一定风险性。

通过涌浪最大浪高图（图 10.30）和剖面图可知，175m 水位时计算区内的涌浪急剧衰减区约有 600m 长，上下游各 300m 长，平均 100m 内涌浪下降高度约为 3m，该区域是涌浪危害航道的重点区域。平缓衰减区满足缓斜线形式下降规律，平均 100m 内涌浪下降高度为 0.1~0.2m。平缓衰减区的浪高一般为起伏形下降，该区域是滑坡涌浪危害的拓展区域，长度非常长。

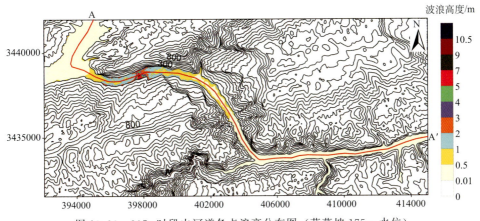

图 10.30　905s 时段内河道各点浪高分布图（茅草坡 175m 水位）

在河道剖面方向上，由于茅草坡的入水方量和入水速度均小于龚家坊 4# 斜坡，涌浪高度在 0.5m 以上的分布面积较小，在神女溪口、巫山大桥等水面变宽的地方，涌浪曲线显现出快速衰减的现象（图 10.31）。

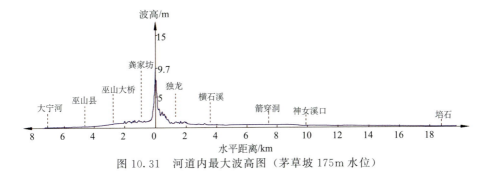

图 10.31　河道内最大波高图（茅草坡 175m 水位）

在888s内，计算的河道里最大的爬高位于茅草坡斜坡对岸，最大爬高为8.4m，在龚家坊最大爬高为2.3m，龚家坊对岸出现的最大爬高有3.5m，在巫山大桥峡口出口处，由于急剧衰减效应，涌浪高度减低，最大爬高约0.7m，在横石溪内出现的最大爬高有0.9m。在下游培石一带，涌浪高度在0.5m以下。河道沿岸的爬高受最大涌浪高度的控制，受地形地貌的约束，各河道大致的涌浪高度可参见图10.32。

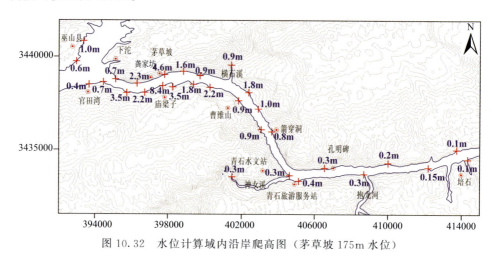

图10.32　水位计算域内沿岸爬高图（茅草坡175m水位）

2）156m水位时的涌浪数值模拟分析

涌浪数值模拟的结果显示（图10.33），滑坡体完全入水后$T=19s$时出现最大涌浪21.9m，而后在$T=28.5s$时冲上对岸，对岸最大爬高为13m，此后，波的传播方向由最开始的滑动方向为主转化为沿河道方向为主，加大了河道的纵向流动性。$T=117s$时，最大涌浪传播至龚家坊，最大波高2.3m；$T=200s$时，涌浪传播至巫山码头，巫山码头处最大爬高约0.6m；$T=381.2s$时最大涌浪传播至青石居民点，涌浪高度约0.4m。$T=902.3s$时，整个计算区域最大涌浪约2.2m，出现在涌浪源下游约400m的冲沟内，涌浪源附近仍有大于1.5m的涌浪波，整个计算区水面基本进入小幅震荡阶段。此时船行驶形成的浪仍可能与涌浪叠加形成较大的波浪，船只特别是小型船只通行仍具有一定风险性。

通过涌浪最大浪高图（图10.34）和剖面图可知，156m水位时计算区内的涌浪急剧衰减区约有600m长，上下游各300m长，平均100m内涌浪下降高度约为6m，该区域是涌浪危害航道的重点区域。平缓衰减区满足缓斜线形式下降规律，平均100m内涌浪下降高度为0.1~0.2m。平缓衰减区的浪高一般为起伏形下降，该区域是滑坡涌浪危害的拓展区域，长度非常长。

在河道剖面方向上，涌浪源处波高迅速衰减，峡口巫山大桥上游大面积区域

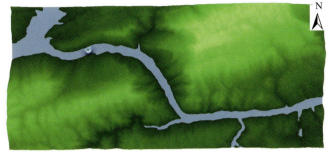

$T = 20.9s$ 时的瞬时水面图

$T = 70.9s$ 时的瞬时水面图

图 10.33　茅草坡斜坡崩滑后瞬时水面图（156m 水位）

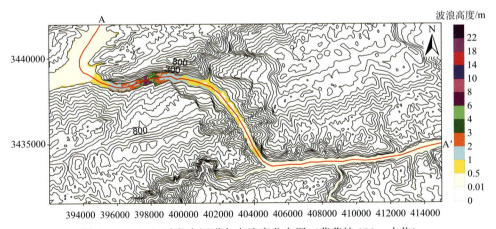

图 10.34　904s 时段内河道各点浪高分布图（茅草坡 156m 水位）

内，涌浪高度均低于 0.5m。横石溪至神女溪一段，靠近岸坡的范围内涌浪高度在 0.5m 以上，而江中间的涌浪高度则小于 0.5m。在神女溪口、巫山大桥等水面变宽的地方，涌浪曲线显现出快速衰减的现象（图 10.35）。

在 888s 内，计算的河道里最大的爬高位于茅草坡斜坡对岸，最大爬高为

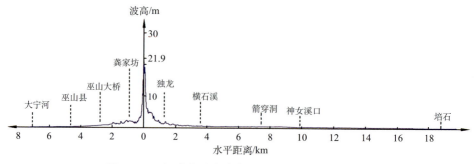

图 10.35 河道内最大波高图（茅草坡 156m 水位）

13.0m，在龚家坊最大爬高为 3.0m，龚家坊对岸出现的最大爬高有 3.9m，在巫山大桥峡口出口处，由于急剧衰减效应，涌浪高度减低，最大爬高约 0.8m，在横石溪内出现的最大爬高有 1.2m。在下游培石一带，涌浪高度在 0.5m 以下。河道沿岸的爬高受最大涌浪高度的控制，受地形地貌的约束，各河道大致的涌浪高度可参见图 10.36。

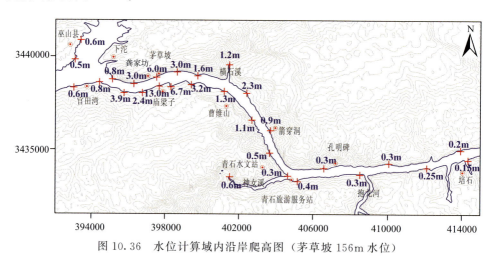

图 10.36 水位计算域内沿岸爬高图（茅草坡 156m 水位）

3）145m 水位时的涌浪数值模拟分析

涌浪数值模拟的结果显示（图 10.37），滑坡体完全入水后 $T=9.9s$ 时出现最大涌浪 34.3m，而后在 $T=28.8s$ 时冲上对岸，对岸最大爬高为 14m，此后，波的传播方向由最开始的滑动方向为主转化为沿河道方向为主，加大了河道的纵向流动性。$T=132.3s$ 时，最大涌浪传播至龚家坊，最大波高达 1.9m；$T=208s$ 时，最大涌浪传播至巫山码头，巫山码头处最大爬高约 0.2m；$T=395.5s$ 时最大涌浪传播至青石居民点，涌浪高度约 0.4m。$T=899s$ 时，整个计算区域最大涌浪约 0.6m，没有大于 1m 的涌浪传播，水面进入小幅震荡阶段。此时船行驶形成的浪仍可能与涌浪叠加形成较大的波浪，小型船只通行仍具有一定风险性。

T = 17.35s时的瞬时水面图

T = 67.3s时的瞬时水面图

图 10.37　茅草坡斜坡崩滑后瞬时水面图（145m 水位）

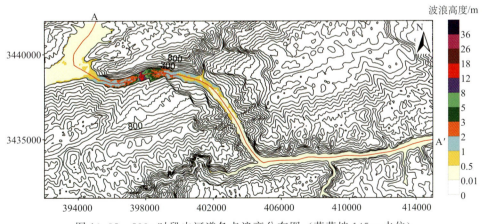

图 10.38　899s 时段内河道各点浪高分布图（茅草坡 145m 水位）

通过涌浪最大浪高图（图 10.38）和剖面图可知，145m 水位时计算区内的涌浪急剧衰减区约有 600m 长，上下游各 300m 长，平均 100m 内涌浪下降高度约为 6m，该区域是涌浪危害航道的重点区域。平缓衰减区满足缓斜线形式下降规律，平均 100m 内涌浪下降高度为 0.1～0.2m。平缓衰减区的浪高一般为起伏形下降，该区域是滑坡涌浪危害的拓展区域，长度非常长。

在河道剖面方向上，涌浪源处波高迅速衰减，峡口巫山大桥上游区域，涌浪高度低于 0.5m，零星分布有大于 0.5m 以上的波高区域。横石溪至神女溪一段，靠近岸坡的范围内涌浪高度在 0.5m 以上，而江中间的涌浪高度则小于 0.5m。在神女溪口、巫山大桥等水面变宽的地方，涌浪曲线显现出快速衰减的现象（图 10.39）。

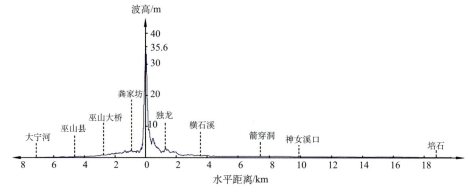

图 10.39　河道内最大波高图（茅草坡 145m 水位）

在 888s 内，计算的河道里最大的爬高位于茅草坡斜坡对岸，最大爬高为 14.0m，在龚家坊最大爬高为 3.8m，龚家坊对岸出现的最大爬高有 6.6m，在巫山大桥峡口出口处，由于急剧衰减效应，涌浪高度减低，最大爬高约 1.2m，在

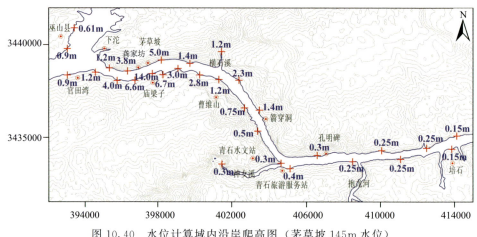

图 10.40　水位计算域内沿岸爬高图（茅草坡 145m 水位）

横石溪内出现的最大爬高有 1.2m。在下游培石一带，涌浪高度在 0.5m 以下。河道沿岸的爬高受最大涌浪高度的控制，受地形地貌的约束，各河道大致的涌浪高度可参见图 10.40。

10.5 小　　结

通过对箭穿洞危岩体、龚家坊 4#斜坡、茅草坡斜坡发生变形失稳后的涌浪模拟计算，获得了各滑坡变形体失稳后产生涌浪的最大波高、不同波高在计算区域内的分布状态、沿岸的最大爬高等数据（表 10.6）。这些数据可为巫山—培石段航道涌浪预警分区划分提供依据和参考价值。通过对涌浪模拟数据的综合分析，总结出以下几点涌浪传播规律。

(1) 涌浪波在传播过程中存在急剧衰减区和平缓衰减区。急剧衰减区分布在涌浪源附近 1km 的范围内，波高呈指数函数形式下降规律，涌浪源处的波高越大，单位距离内的涌浪下降高度也越大。急剧衰减区是涌浪危害航道的重点区域。平缓衰减区满足缓斜线形式下降规律，平均 100m 内涌浪下降高度为 0.1~0.2m。由于水波的折射、反射和叠加作用，使得沿程河道中的波高并非呈简单单一下降趋势，而是一个复杂的波变化衰减过程。因此，平缓衰减区的浪高一般为起伏形下降，该区域是滑坡涌浪危害的拓展区域，长度非常长。

(2) 涌浪传播过程中深水区的浪高明显低于浅水区的浪高，表明浅水区岸坡加剧了波浪壅高和爬高。在沟谷内和地形急剧变窄区域，涌浪高度明显提高，出现放大效应。

(3) 在河道由窄突然变宽的峡口区域，如在神女溪口、巫山大桥，涌浪曲线波高值有明显的下降趋势。

(4) 模拟区各位置的最大波高空间分布形态呈中间内凹两翼沿岸坡延伸的特征。随着传播距离的增大，涌浪波的衰减率逐渐减小。

(5) 对于同一崩滑体来说，随着长江水位的下降，水面宽度变窄，崩滑体所形成的最大波高越大，0.5m 以上的波高分布面积越广，沿长江两岸的爬高越大。

(6) 崩滑体的结构、入水方式、入水速度是计算最大波高、模拟涌浪传播的影响因素。

通过引入波浪理论对高陡岸坡产生的涌浪进行长距离大面积的数值模拟计算分析，取得了良好效果，但同时也看到了其未来的趋势。

(1) 波浪理论计算滑坡涌浪，其计算精度和难度在于滑坡涌浪源。本次研究主要采用的是已有的浅层滑坡涌浪源，它是通用涌浪源。根据研究对象要选用合适的涌浪源模型。因此，各类型涌浪源模型的研究需要加快推进，也将是今后研究的热点与难点。例如第 3 章里三峡库区的厚层塔柱块体倾倒类型，浅水区的顺

表 10.6　各工况条件下模拟区沿岸爬高统计表

		箭穿洞	龚家坊 4# 斜坡			茅草坡		
	工况条件	175	175	156	145	175	156	145
	入水方量/$10^4 m^3$	35.75	45	45	45	40	40	40
	入水速度/(m/s)	15.6	15.2	16.3	16.8	11.2	11.7	12.7
	最大波高/m	32.1	15.2	32.05	34.3	9.7	21.9	35.6
	最大爬高/m	24.1	9.4	12.5	13.4	8.4	13	14
各位置爬高/m	巫山县	0.25	1.2	1.4	1.4	1	0.6	0.9
	官田湾	0.2	1.3	2.2	2.1	0.5	0.6	0.9
	下沱	0.5	0.7	1.2	1	0.6	0.6	0.7
	巫山大桥	0.3	1.3	2	1.7	0.7	0.8	1.2
	龚家坊	0.3	3.2	4	5.2	2.3	3	3.8
	龚家坊对岸	0.34	5.1	5.1	6	3.5	3.9	6.6
	独龙	0.3	3.2	5.8	5.7	1.6	3	5
	曹家湾	0.6	3.7	4.4	3.8	1.8	3.2	3
	横石溪内	1.2	1.2	2	2	0.9	1.2	1.2
	横石溪对岸	0.72	1.4	1.2	1.2	1.1	1.3	1.2
	秀峰水泥厂	1.4	2.2	1.8	1.8	1.8	2.3	2.3
	老鼠错	0.7	1.6	1	1	0.8	1	0.8
	箭穿洞	11.9	0.7	1.2	1.1	0.8	0.9	1.4
	青石水文站	5.4	0.5	0.5	0.5	0.3	0.3	0.3
	青石旅游服务站	3.4	0.6	0.65	0.7	0.4	0.4	0.4
	神女溪内	1.2	0.6	0.76	0.76	0.6	0.6	0.3
	抱龙河口	0.9	0.4	0.5	0.5	0.3	0.3	0.25
	培石	0.4	0.2	0.3	0.4	0.1	0.15	0.15

层滑坡类型等涌浪源模型还需要进一步研究。

（2）工程地质分析是涌浪计算的基础，波浪理论基于失稳模式来计算不同类型的涌浪源，但是有些涌浪源来源于概化的物理试验，未经过实例验证，其有效性和准确性需要查明。同时，大量的地质灾害失稳属于复合模式，这种情况下工程地质判定很重要，涌浪分析也更加复杂。

（3）由于国内采用水波动力学模型进行涌浪研究非常少，该方法在国外也仍在发展中，需要考虑不同研究方法间的关联和对比研究，有必要进一步完善和推广水波动力学滑坡涌浪分析方法，加深对水波动力学模型计算结果的理解和认知。

第 11 章 高陡岸坡成灾风险管理措施

11.1 应对高陡岸坡失稳的风险管理措施

三峡水库高陡岸坡与平缓岸坡的居民居住情况有较大差异,高陡岸坡区一般鲜有人群居住。由于无人居住,有些高陡岸坡上连攀爬的小路也没有。因此,如何对高陡岸坡进行防控成为一个难题。通过研究 2010~2013 年的工作,综合以往的研究成果,建议以下高陡岸坡变形失稳的风险管理措施。

(1) 建立群测群防巡查制度。采用与平缓斜坡一样的群测群防巡查制度,但采用不同的方式方法。对于不可攀爬的陡崖斜坡(坡度大于 60°),若没有明显的危岩体发育,采用定点瞭望、定点拍照的方式开展。对明显的危岩体,采用多点拍照的方式进行三维拍摄监测。将照片结果交与专业人员进行对比,分析裂缝的性状和张开变化情况,进而推断斜坡的稳定性。对可以进行攀爬的斜坡,人工开辟巡查路线,定巡查观测裂缝或结构面点,定期人工巡查。消落带斜坡要列入巡查对象里。同时,要在水位上升期间和水位下降期间加强巡查。

通过 2010~2013 年的调查与研究工作,需要紧急建立并列入巡查对象的斜坡包括巫山大桥下方斜坡-石鼓一带的长江左岸斜坡带,横石溪口危岩体,横石溪背斜区域手爬岩、和尚背尼姑等危岩体,箭穿洞危岩体及其附近区域,剪刀峰若干斜坡,黄岩窝危岩带,西陵峡梭子山危岩体和瞿塘峡吊嘴危岩体。

(2) 开展大比例尺调查和专业巡查。峡谷区应像平缓斜坡区一样开展大比例尺的工程地质调查工作,以判断斜坡的变形情况,并对这些区域进行周期性的专业巡查,了解斜坡的历史和变化。在峡谷区可采用无人机航拍、三维激光扫描和高精度航片卫片的方法来进行调查。

(3) 建立专业监测网络。根据群测巡查和大比例尺调查结果,对确认变形和具有较大危害的高陡岸坡应采取专业监测的方式开展监测预警。目前龚家坊—独龙一带斜坡已经列入专业监测,但仍有一些高陡斜坡并未列入专业监测的范畴。

(4) 工程治理与风险管理。通过专业监测和巡查结果,每年定期评估高陡斜坡的稳定性和风险性,利用每年有限资金解决风险大的地质灾害问题。对悬崖小型落石,可采用航线推移和航标警示的方法来规避。对大型的危岩体则要考虑工程措施进行防治。

11.2　应对高陡岸坡形成涌浪的风险管理措施

高陡岸坡失稳后，有些会造成涌浪灾害，有些则不会。涌浪灾害危害范围有些很长，有些则影响范围有限。通过2010～2013年的工作体会，建议以下应对涌浪的风险管理措施。

（1）加强涌浪灾害的宣传和科学知识普及。新滩滑坡和千将坪滑坡事件中人员伤亡的主要动力都是涌浪。由于局限于当时的认识，两个滑坡都进行了滑坡预警，却忽略了涌浪预警。因此，加强涌浪灾害的宣传和涌浪灾害的科学知识普及非常重要，涌浪灾害的宣传应和地质灾害宣传一样重要，它是地质灾害链中的一环，会危及更远的地方。

（2）涌浪预警与地质灾害预警需要同时开展。岩土体失稳入水随即就会形成涌浪，水库中涌浪的行进速度很快，20～30m/s的速度甚至更快，当意识到涌浪灾害发生才进行预警，很难有足够的时间进行防范。因此，地质灾害预警时，相应的涌浪预警应跟上。河道如何来应对涌浪预警，是封航还是限航，这需要从地质灾害和滑坡涌浪两个方面同时考虑。

（3）涌浪大小、涌浪危害范围和危害等级需要专门的工作来确定。面对可能的滑坡涌浪灾害，需要专业人员进行针对性的工作，才能确定涌浪可能的危害范围和危害程度。根据国际学术界的惯例，涌浪的工作程度与涌浪大小和危害对象有关，若涌浪大、危害大，则必须采用物理试验和数值模拟工作，如涌浪小、危害较小则可只采用公式法进行估计。

（4）船只需合理选择规避地点。根据涌浪的危害范围和码头分布，相关部门需要合理选择船只规避地点。例如在龚家坊涌浪事件中就有船只停靠在巫山码头被损坏。巫山青石的海事码头一直作为望霞危岩、龚家坊残留危岩体等处置时的临时规避码头，较好规避了风险。但它若作为箭穿洞危岩体涌浪预警时的临时规避码头，则有很大的风险。因此，需要根据涌浪的专业计算结果来合理选择码头地点。

（5）涌浪消减措施及防范。对不能流动的基础设施和重点保护建筑，在河道可以进行涌浪消减措施和一定的工程防范。涌浪消减措施有固定式和浮动式，这些措施都需要专业人员根据涌浪特点进行设计和施工。

11.3　箭穿洞、龚家坊4#斜坡、茅草坡涌浪风险预警分区

由于国内内河航道尚无针对涌浪进行航运预警管理的方法，因此在此借鉴国家海洋局发布的《风暴潮、海浪、海啸和海冰灾害应急预案》，对内河航道进行

涌浪风险预警分区。根据这一预案,当波浪大于3m时为航道红色预警区,当波浪为2~3m时为航道橙色预警区,当波浪为1~2m时为航道黄色预警区,当波浪小于1m时为蓝色预警区。根据这一标准,分别对箭穿洞、龚家坊4#斜坡和茅草坡的涌浪计算区域进行了航道涌浪预警区划分。

11.3.1 箭穿洞航道涌浪预警分区

根据箭穿洞危岩体涌浪模拟计算的结果,采用模拟时间段内各点的最大波高值来进行航道风险预警区划分(图11.1)。红色预警区的范围包括箭穿洞危岩体上游690m,下游910m,共1500m长主河道范围。在上游和下游的冲沟内,由于地形变窄,涌浪放大效应而存在局部红色预警区域。下游青石附近岸坡、剪刀峰附近岸坡由于波浪爬坡效应,也存在局部红色预警区域。橙色预警区主要分布在红色预警区主河道的外围和上游岸坡附近,长约950m。下游青石和剪刀峰附近岸坡由于爬坡效应存在长距离的橙色预警区,长约1490m。计算区内的黄色预警区分布在橙色预警区外围,上游长约867m,下游长约658m,分布形态上呈中间内凹、两翼沿岸坡延伸。黄色预警区外围为蓝色预警区,上游横石溪以西、下游抱龙河以东的大片面积均为蓝色预警区,只在冲沟和局部岸坡附近分布有黄色预警区。

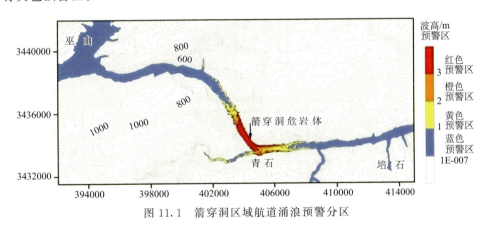

图11.1 箭穿洞区域航道涌浪预警分区

11.3.2 龚家坊4#斜坡涌浪预警分区

根据龚家坊4#斜坡滑坡涌浪模拟计算的结果,采用模拟时间段内各点的最大波高值来进行航道风险预警区划分(图11.2),划分结果见表11.1。

在175m、156m、145m水位下,计算区内的红色预警区和黄色预警区的分布范围随水位的下降都有明显增大的趋势,而橙色预警区的分布面积基本保持不

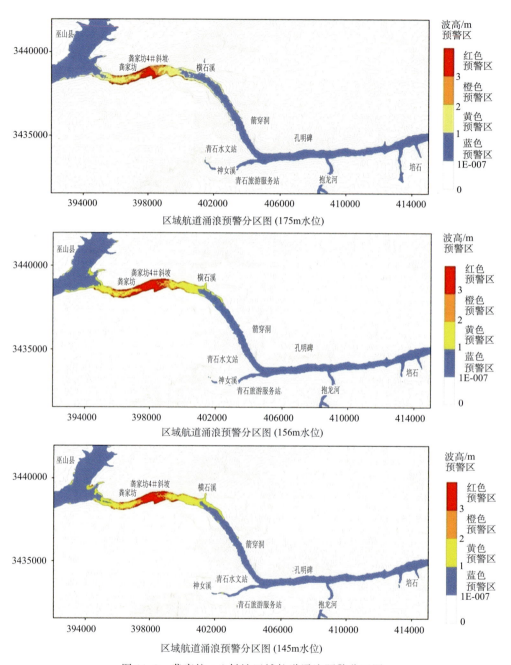

图 11.2 龚家坊 4#斜坡区域航道涌浪预警分区图

变，三个区域的分布范围基本圈定在距涌浪源约 4km 的范围内。

表 11.1 龚家坊 4# 斜坡涌浪预警分区表

	175m 水位	156m 水位	145m 水位
红色预警区	龚家坊 4# 斜坡上游 230m，下游 260m，共 490m 长主河道范围	龚家坊 4# 斜坡上游 620m，下游 310m，共 930m 长主河道范围	龚家坊 4# 斜坡上游 660m，下游 290m，共 950m 长主河道范围
	上游和下游的冲沟内，由于地形变窄，产生涌浪放大效应，存在局部红色预警区域。由于水深变浅，距涌浪源约 2km 的范围内沿长江两侧岸坡分布有红色预警区		
橙色预警区	红色预警区主河道的外围，长约 690m	红色预警区主河道的外围，上游长约 80m，下游长约 750m	红色预警区主河道的外围，上游长约 460m，下游长约 510m
黄色预警区	黄色预警区主要分布在巫山长江大桥以东、独龙以西的橙色预警区外围	黄色预警区主要分布在巫山长江大桥以东、横石溪以西的橙色预警区外围，以及巫山码头附近	
	分布形态上呈中间内凹、两翼沿岸坡延伸		
蓝色预警区	黄色预警区外围为蓝色预警区，只在冲沟和局部岸坡附近分布有零星黄色预警区		

11.3.3 茅草坡斜坡涌浪预警分区

根据茅草坡斜坡涌浪模拟计算的结果，采用模拟时间段内各点的最大波高值来进行航道风险预警区划分（图 11.3），划分结果见表 11.2。

表 11.2 茅草坡涌浪预警分区表

	175m 水位	156m 水位	145m 水位
红色预警区	茅草坡上游 230m，下游 260m，共 490m 长主河道范围	茅草坡上游 160m，下游 570m，共 820m 长主河道范围	茅草坡上游 180m，下游 660m，共 840m 长主河道范围
	上游和下游的冲沟内，由于地形变窄，产生涌浪放大效应，存在局部红色预警区域。由于水深变浅，距涌浪源约 2km 的范围内沿长江两侧岸坡分布有红色预警区		
橙色预警区	红色预警区主河道的外围，河道内总长约 300m	红色预警区主河道的外围，上游长约 140m，下游长约 120m	红色预警区主河道的外围，上游长约 100m，下游长约 210m
黄色预警区	黄色预警区主要分布在巫山长江大桥以东、独龙以西的橙色预警区外围	黄色预警区主要分布在巫山长江大桥以东、刀背石以西的橙色预警区外围，以及巫山码头局部区域	
	分布形态上呈中间内凹、两翼沿岸坡延伸		
蓝色预警区	黄色预警区外围为蓝色预警区，只在冲沟和局部岸坡附近分布有零星黄色预警区		

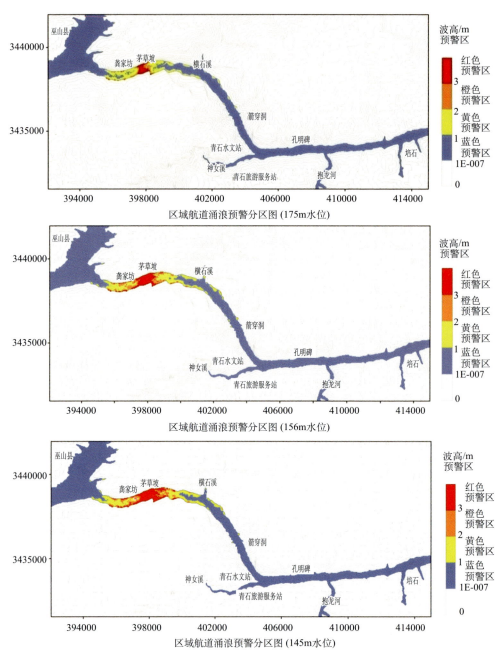

图 11.3 茅草坡区域航道涌浪预警分区图

与龚家坊4#斜坡相似，随长江水位的降低，茅草坡涌浪模拟计算区内的红色预警区和黄色预警区的分布范围有明显增大的趋势，橙色预警区的分布面积基本保持不变，这是由涌浪波的最大浪高和波的能量衰减规律所决定的，红色预警区的分布范围基本在涌浪的急剧衰减区范围内，而橙色预警区基本存在于急剧衰减区与平缓衰减区的过渡地带，其分布范围不会存在太大变化。

11.3.4 小结

从箭穿洞危岩体的潜在涌浪预警区来看，红色预警区有950m，橙色预警区有1490m，黄色预警区有1525m。长江主航道内黄色以上预警区共有约4000m长，其中上游方向预警长度略大于下游方向长度。在上游约2.5km的航道范围内是涌浪风险区域，该区域内沿岸存在的居民点和基础设施仅有神女峰旅游景点接待点，该点距离箭穿洞危岩体0.7km，若箭穿洞失稳，潜在涌浪风险大。在下游约2km的航道范围内是涌浪风险区域，该区域内沿岸存在的居民点和基础设施包括有神女峰旅游景点接待点、青石水文站、巫山青石海事码头、青石神女溪旅游接待点和青石居民集聚区。该区域内包括有重要的居民区和旅游景区，若箭穿洞失稳，潜在涌浪风险大。

同时，针对箭穿洞危岩体潜在涌浪风险，如果要拦截航道船只开展涌浪预警避让，巫山青石海事码头不能作为拦截点。在上游，航道船只拦截点可选择巫山县城以上的码头。在下游，航道船只拦截点应选择培石以下的码头。

从龚家坊4#斜坡的潜在涌浪预警区来看，红色预警区（最大）有950m，橙色预警区有970m，黄色预警区有2500m。长江主航道内黄色以上预警区共有约4400m长，上下游预警长度略相同。在上游约2.5km的航道范围内是涌浪风险区域，该区域内沿岸存在的居民点和基础设施有建坪村码头、巫山县城，该点距离县城5.5km，若箭穿洞失稳，潜在涌浪风险大。在下游约2.5km的航道范围内是涌浪风险区域，该区域内沿岸存在的居民点和基础设施包括有横石溪码头、跳石村码头和少量200m高程的居民集聚区。该区域内时有人群进入码头，若龚家坊4#斜坡失稳，潜在涌浪风险大。

从茅草坡斜坡的潜在涌浪预警区来看，红色预警区（最大）有840m，橙色预警区有310m，黄色预警区有3500m。长江主航道内黄色以上预警区共有约4600m长，上下游预警长度略相同。在上游约2.5km的航道范围内是涌浪风险区域，该区域内沿岸存在的居民点和基础设施有建坪村码头、巫山县城，该点距离县城5.5km，若箭穿洞失稳，潜在涌浪风险大。在下游约2.5km的航道范围内是涌浪风险区域，该区域内沿岸存在的居民点和基础设施包括有横石溪码头、水泥厂码头、跳石村码头和少量200m高程左右的居民集聚区。该区域内时有人群进入码头，若茅草坡失稳，潜在涌浪风险大。

同时，针对茅草坡和龚家坊4#斜坡潜在涌浪风险，如果要拦截航道船只开展涌浪预警避让，巫山县城附近码头不能作为拦截点。在上游，航道船只拦截点可选择巫山县城上游周家坪以上的码头。在下游，航道船只拦截点应选择青石以下的码头。

根据区域航道涌浪预警分区划分的结果，航道（巫山至培石的航道，包括神女溪等几个小支流的航道）、巫山县城码头船只及沿河基础设施和人员、青石水文站、青石海事和青石居民点、神女溪旅游接待处这些区域里有长期停靠的船只和频繁的人员往来，涌浪会对他们造成极大的威胁。巫山至培石岸坡附近临水作业和水上作业的人员及财产安全也是本次涌浪威胁的重要对象之一，需要对他们进行预警或应急的培训，以规避涌浪风险。

综合上述涌浪预警区，其他峡谷区类比后，表11.3对三峡库区重点涌浪隐患点和防范措施提出了具体建议。

表 11.3　三峡库区重要隐患点致灾风险及防范建议简表

隐患点位置	名称	威胁对象	致灾风险程度	防范建议
巫峡左岸	巫峡口—石鼓一带	航道及运营船只	高	加强巡视力度、设置航标、船只避让通行
巫峡左岸	横石溪危岩体	码头、停靠船只	高	设置警示牌、船只避让、工程治理
巫峡右岸	手爬岩一带	居民点、航道及运营船只	高	加强巡视力度、设置警示牌、船只避让通行
巫峡左岸	箭穿洞危岩体一带	航道及运营船只、对面水文站	高	加强巡视力度、设置航标、船只避让通行、工程治理
巫峡左岸	剪刀峰一带	航道及运营船只	高	加强巡视力度、设置航标、船只避让通行
巫峡右岸	黄岩窝一带	航道及运营船只	高	加强巡视力度、设置航标、船只避让通行
巫峡右岸	火焰石一带	航道及运营船只	高	加强巡视力度、设置航标、船只避让通行
西陵峡右岸	梭子山一带	航道及运营船只	中	加强巡视力度、设置航标、船只避让通行
瞿塘峡左岸	吊嘴危岩体一带	航道及运营船只	中	加强巡视力度、设置航标、船只避让通行

第 12 章　结论与建议

12.1　结　　论

通过对三峡库区高陡岸坡大量的野外调查、室内试验和大量的分析研究，得到了以下结论。

1. 三峡库区高陡岸坡发育及变形失稳模式研究方面

（1）在地质灾害资料收集和野外调查基础上，系统总结了三峡库区瞿塘峡、巫峡、西陵峡高陡岸坡的分布规律和大型崩滑灾害的发育特征，提出了三峡库区地质灾害高发峡谷区的斜坡结构类型与识别特征。

（2）在高陡岸坡区域详细调查基础上，初步确定了巫峡北岸各段危岩体的发育情况，提出了各段岸坡危岩体发育的岸坡结构与岩体结构特征，综合运用结构面测量、探槽开挖、物理力学试验等手段，认为高陡岸坡存在倾倒、板柱状倾倒、软弱基座崩塌、滑移、剥落和倾倒转滑移 6 种主要的变形破坏机理。

2. 库水波动对高陡岸坡的影响研究方面

基于茅草坡斜坡、龚家坊 4# 斜坡、箭穿洞危岩体、青石滑坡、横石溪危岩体 5 处典型高陡变形岸坡的详细调查和长期观测研究，提出三峡库区部分消落带岩体正在劣化，揭示库水波动加速了典型高陡岸坡变形破坏趋势。

3. 高陡岸坡成灾效应研究方面

详细调查研究了龚家坊崩塌、新滩滑坡、千将坪滑坡和昭君大桥崩塌等若干高陡岸坡失稳造成的灾害事件，着重分析了其灾害作用过程和范围；提出高陡岸坡失稳的主要致灾模式为涌浪，涌浪极大地危害到更大范围的峡谷区航道和沿岸生产生活带的安全；并首次划分了三峡库区涉水崩滑体产生的涌浪类型：深水区厚层—巨厚层块体倾倒或滑动产生涌浪、深水区碎裂岩体崩塌产生涌浪、浅水区顺层滑坡产生涌浪和浅水区堆积层滑坡产生涌浪。

4. 高陡岸坡涌浪灾害研究方面

（1）以龚家坊残留危岩体爆破治理为契机，在国内率先探索构建了以高频水位计和高清照相机为主要工具的涌浪应急监测方法，获取了爆破碎屑流涌浪产生、传播的第一手资料,提出了影像资料分析方法和基本的涌浪监测数据分析方法。

(2)建立了三峡库区干流和支流崩滑体涌浪概化模型,开展了 124 组物理滑坡涌浪基础试验,观测了滑坡涌浪产生、传播和爬高全过程,认为崩滑体涌浪与水深、入水速度和体积等有较大关系,推导形成了三峡库区干支流刚性块体和散粒体的一系列滑坡涌浪公式。

(3)以龚家坊河道为原型,构建了三峡库区干流峡谷区第一个 1∶200 的大型物理涌浪模型,涌浪在浅水区和冲沟有波浪抬升效应,在开阔区域有急剧衰减作用,两次较大的涌浪由于波能差异产生追逐,涌浪传播衰减在三维地形条件下各有不同。

(4)系统梳理和总结了世界范围内主要的滑坡涌浪形成、传播和爬高公式。引入局部水头损失公式,采用分类对应的方法,初步建立了可计算全河道涌浪的公式法计算体系。以龚家坊涌浪为例,验证了方法的有效性。

(5)针对崩塌落石和支流浅水区滑坡产生的涌浪问题,建立了 N-S 方程的流体-固体耦合涌浪分析方法。研究表明剪刀峰崩塌能量传递率约 6.54%,千将坪滑坡的能量传递率约 10%;千将坪滑坡堵江对水体有推动分流和托抬效应,千将坪滑坡涌浪的严重危害范围约 4.5km 长。

(6)针对长距离、大范围的涌浪灾害问题,开发和建立了基于波浪理论的滑坡涌浪数值计算软件;以龚家坊涌浪为例进行了软件模型的有效性验证;数值模拟预测研究认为茅草坡斜坡、龚家坊 4#斜坡、箭穿洞危岩体等 3 个崩滑体在不同水位工况下涌浪严重危害范围有 4~5km 长。

5. 在高陡岸坡风险管理对策建议方面

提出了峡谷区高陡岸坡的群测群防方式,指出了龚家坊—独龙一带长江左岸斜坡带、横石溪口危岩体等需要紧急列入巡查对象的斜坡。提出了加强涌浪科普宣传等峡谷区涌浪风险防范措施,划分了茅草坡斜坡、龚家坊 4#斜坡、箭穿洞危岩体等 3 个崩滑体潜在涌浪风险的预警级别与范围。

12.2 存在的问题及建议

通过对三峡库区典型高陡岸坡区域进行野外调查研究,分析总结了高陡岸坡失稳模式。但这些调查研究多基于野外认识,对许多高陡岸坡也只是围绕典型岸坡点开展了 1∶1 万的调查,调查研究的深度和广度还是有限。4 年来,作者对库区四种类型崩塌滑坡涌浪分别采用了不同的方法进行研究,深化了物理试验法、公式体系法、流固耦合法和波浪理论法等涌浪研究方法。这些方法中有些是传统常用的方法，有些则是国际前沿的方法。我们对这些方法，有些采用"拿来主义"，有些则是"取其精华，去其糟粕"。但总的来讲，这些方法还处于初级阶段，需要深入研究的地方还很多，关于滑坡涌浪的研究在国内外也还方兴未艾，离准确计算涌浪值这一目标还有很长的路要走。同时，不论是三峡库区还是世界范围内的其他地区，滑坡涌浪类型肯定不止这四种类型。

由于调查时间和调查精度的限制，以及研究时间所限，对箭穿洞危岩体、龚家坊4#斜坡和茅草坡斜坡的涌浪研究，仅仅是在地面调查和工程地质条件综合分析的基础上开展的。随着对这些斜坡的调查勘察的深入及更加细致的研究，涌浪计算分析结果可能会产生相应的变化，预警区域可能也会随之调整。建议有关部门在进行崩滑体涌浪预警工作中，使用本项基础性和公益性地质调查成果时，应根据最新的调查勘查和研究成果等具体情况补充开展涌浪预测工作。

目前，重庆市地方政府已经将龚家坊-独龙不稳定斜坡纳入地质灾害防治规划，对这一区域进行长期监测，并对龚家坊4#斜坡开始了库岸防护示范工程。对箭穿洞危岩体也开始了应急治理的设计工程和长期监测工程。但这些治理的或者获得关注的危岩体仅是已知高陡岸坡区域的很少一部分。由于库水波动造成的消落带岩体劣化，加速了高陡岸坡的演化进程，急需对高陡岸坡进行大比例尺的调查研究。因此，建议有关部门对三峡库区峡谷区开展大比例尺的地面地质测绘，筛选重点区域进行三维激光定期检测，将其中变形较大者纳入后期的地质灾害防治规划中。

2014年7月16日湖南柘溪水库再次发生唐家溪滑坡涌浪灾难事件，距离53年前塘岩光滑坡涌浪灾难现场仅5km远。比较令人痛心的是，唐家溪滑坡变形加剧后，进行了滑坡预警，没有进行涌浪预警，涌浪造成了3人死亡，9人失踪。这次悲剧事件表明滑坡涌浪灾害并没有深入人心，涌浪预警并不为群测群防人员所知。因此，建议有关部门今后在宣传地质灾害时，要加强河道、水库区崩塌滑坡涌浪灾害的宣传，减缓滑坡涌浪的危害。

由于工作时间、区域所限，目前仅对局部典型高陡岸坡发生破坏后的涌浪形式、传播范围及强度进行了初步研究，研究的深度和广度还比较局限，后续将进一步深入研究不同破坏模式下高陡岸坡失稳产生的涌浪问题。

参 考 文 献

重庆市 107 地质队. 2009. 重庆市巫山县龚家坊-独龙斜坡稳定性调查报告 [R]. 重庆市.

重庆市地质灾害防治工程勘查设计院. 2011. 三峡库区重庆市巫山县抱龙镇青石（神女溪）滑坡应急抢险勘查报告 [R].

代云霞, 殷坤龙, 汪洋. 2008. 滑坡速度计算及涌浪预测方法探讨 [J]. 岩土力学, （S1）: 407-411.

邓华锋, 李建林, 朱敏, 王孔伟, 王乐华, 邓成进. 2012. 饱水-风干循环作用下砂岩强度劣化规律试验研究 [J]. 岩土力学, 33 (11): 3306-3313.

杜娟, 汪洋, 彭光泽, 殷坤龙. 2007. 三峡库区大石板滑坡涌浪预测 [J]. 安全与环境工程, (3): 92-95.

傅晏, 刘新荣, 张永兴, 胡元鑫, 谢应坤. 2009. 水岩相互作用对砂岩单轴强度的影响研究 [J]. 水文地质工程地质, 06: 54-58.

何思明, 吴永, 李新坡. 2009. 滚石冲击碰撞恢复系数研究 [J]. 岩土力学, 30 (3): 623-627.

贾逸, 任光明. 2011. 某库岸滑坡在水库运行条件下稳定性的动态变化 [J]. 水利与建筑工程学报, （05）: 24-30.

姜治兵, 金锋, 盛君. 2005. 滑坡涌浪灾害数值分析 [J]. 长江科学院院报, 22 (5): 1-3.

乐琪浪, 王洪德, 薛星桥, 高幼龙, 金枭豪, 张俊义, 潘尚涛. 2011. 巫山县望霞危岩体变形监测及破坏机制分析 [J]. 工程地质学报, 06: 823-830.

李会中, 王团乐, 孙立华, 段伟锋. 2006. 三峡库区千将坪滑坡地质特征与成因机制分析 [J]. 岩土力学, S2: 1239-1244.

李守定, 李晓, 刘艳辉, 孙喜书. 2008. 千将坪滑坡滑带地质演化过程研究 [J]. 水文地质工程地质, 02: 18-23.

廖玲琬. 2008. 台湾东部海啸潜势评估 [D]. 中国台湾: 国立中央大学, 地球物理研究所.

林晓, 彭轩明, 田明中. 2007. 三峡库区滑坡体农业土地开发模式——以新滩滑坡开发为例 [J]. 地球科学与环境学报, 03: 308-311.

刘传正, 李铁锋, 温铭生, 王晓朋, 杨冰. 2004. 三峡库区地质灾害空间评价预警研究 [J]. 水文地质工程地质, 04: 9-19.

刘世凯. 1987. 长江西陵峡新滩滑坡涌浪高度衰减因素初探 [J]. 水利水电技术, 09: 11-14.

刘新荣, 傅晏, 王永新, 黄林伟, 秦晓英. 2009. 水-岩相互作用对库岸边坡稳定的影响研究 [J]. 岩土力学, 03: 613-616+627.

罗先启, 肖诗荣, 王世梅等. 2005. 三峡库区秭归县千将坪滑坡工程地质勘查报告 [R]. 宜昌: 三峡大学.

潘家铮. 1980. 建筑物的抗滑稳定和滑坡分析 [M]. 北京: 水利出版社, 133-154.

秦志英, 陆启韶. 2006. 基于恢复系数的碰撞过程模型分析 [J]. 动力学与控制学报, 4 (4): 294-298.

参考文献

任兴伟，唐益群，代云霞，方瑜. 2009. 滑坡初始涌浪高度计算方法的改进及其应用 [J]. 水利学报，(9)：1116-1120.

沈均，何思明，吴永. 2009. 滚石对垫层材料的冲击特性研究 [J]. 安徽农业科学, 37 (17): 8286-8288.

汤连生，王思敬. 2002. 岩石水化学损伤的机理及量化方法探讨 [J]. 岩石力学与工程学报，21 (3)：314-319.

汤连生，张鹏程，王洋. 2004. 水作用下岩体断裂强度探讨 [J]. 岩石力学与工程学报，19：3337-3341.

汪发武，谭周地. 1990. 长江三峡新滩滑坡滑动机制 [J]. 长春地质学院学报，04：437-442.

汪洋，殷坤龙. 2003. 水库库岸滑坡的运动过程分析及初始涌浪计算 [J]. 地球科学——中国地质大学学报，(5)：579-582.

汪洋，殷坤龙. 2004. 水库库岸滑坡初始涌浪叠加的摄动方法 [J]. 岩石力学与工程学报，(5)：717-720.

汪洋，殷坤龙. 2008. 水库库岸滑坡涌浪的传播与爬高研究 [J]. 岩土力学，(4)：1031-1035.

王家成，陈星. 2010. 基于潘家铮滑速和涌浪算法的某滑坡涌浪灾害研究 [J]. 灾害与防治工程，(1)：16-22.

王家成，王乐华，陈星. 2010. 基于潘家铮滑速和涌浪算法的楞古水电站滑坡涌浪计算 [J]. 水电能源科学，(9)：95-98.

王育林，陈凤云，齐华林，李一兵. 1994. 危岩体崩滑对航道影响及滑坡涌浪特性研究 [J]. 中国地质灾害与防治学报，(3)：95-100.

王运生，吴俊峰，魏鹏，王晓欣，韩丽芳，李月美，马宏宇，邵虹涛，徐鸿彪. 2009. 四川盆地红层水岩作用岩石弱化时效性研究 [J]. 岩石力学与工程学报，28 (S1)：3102-3108.

吴剑，张振华，刘依松. 2007. 千将坪滑坡中几个高速滑坡问题的探讨 [J]. 三峡大学学报（自然科学版），02：120-123.

吴琼，唐辉明，王亮清等. 2009. 库水位升降联合降雨作用下库岸边坡中的浸润线研究 [J]. 岩土力学，(10)：3025-3031.

谢剑明，刘礼领，殷坤龙等. 2003. 浙江省滑坡灾害预警预报的降雨阀值研究 [J]. 地质科技情报，22 (04)：102-105.

薛艳，朱元清，刘双庆等. 2010. 地震海啸的激发与传播 [J]. 中国地震，26 (3)：283-295.

杨海清，周小平. 2009. 边坡落石运动轨迹计算新方法 [J]. 岩土力学，30 (11)：3411-3416.

宜昌地质矿产研究所（2001）巫山幅地质图及说明书.

殷坤龙，杜娟，汪洋. 2008. 清江水布垭库区大堰塘滑坡涌浪分析 [J]. 岩土力学，(12)：3266-3271.

殷跃平. 2005. 三峡库区边坡结构及失稳模式研究 [J]. 工程地质学报，02：145-154.

曾刚. 2011. 库水升降作用下水库库岸滑坡稳定性分析 [J]. 三峡大学学报（自然科学版），(04)：15-18.

张天贵等. 2009. 重庆市三峡库区巫山县巫峡镇龚家坊至独龙斜坡稳定性勘（调）查报告 [R]. 重庆市地质矿产勘查开发局 107 地质队.

张业明，刘广润，常宏，黄波林，潘伟. 2004. 三峡库区千将坪滑坡构造解析及启示 [J]. 人民长江，09：24-26.

张倬元，王士天，王兰生. 1997. 工程地质分析原理 [M]. 北京：地质出版社，331-338.

章广成，向欣，唐辉明. 2011. 落石碰撞恢复系数的现场试验与数值计算 [J]. 岩石力学与工程学报，30（6）：1266-1273.

郑文康，刘翰湘. 1999. 水力学 [M]. 中国水利水电出版社.

Abadie S，Grilli S，Glockner S. 2006. A coupled numerical model for tsunami generated by sub-aerial and submarine mass failures [J]. In Proc. 30th Intl. Coastal Engng. Conf.，San Diego，California，USA，1420-1431.

Abadie S，Morichon D，Grilli S，Glockner S. 2010. Numerical simulation of waves generated by landslides using a multiple-fluid Navier-Stokes model [J]. Coastal Engineering，57：779-794.

Alvarez-Cedrón C，Drempetic V. 2009. Modeling of fast catastrophic landslides and impulse waves induced by them in fjords，lakes and reservoirs [J]. Eng Geol.，109：124-134.

Andersen T L，Frigaard P. 2011. Lecture Notes for the Course in Water Wave Mechanics [M]. Denmark：Aalborg University.

Ataie-Ashtiani B，Malek-Mohammadi S. 2008. Mapping Impulsive Waves due to Subaerial Landslides into a Dam Reservoir：Case Study of Shafa-Roud Dam [J]. Dam Engineering，XVIII：1-25.

Ataie-Ashtiani B，Malek-Mohammadi S. Near field amplitude of sub-aerial landslide generated waves in dam reservoirs [J]. DamEng. 2007，XVII（4）：197-222.

Ataie-Ashtiani B，Nik-Khah A. 2008. Impulsive waves caused by subaeria landslides [J]. Environ Fluid Mech，8：263-280.

Ataie-Ashtiani B，Yavari Ramshe S. 2011. Numerical simulation of wave generated by landslide incidents in dam reservoirs [J]. Landslides，8：417-432.

Azzoni A，Barbera G，Zaninetti A. 1996. Analysis and prediction of rockfalls using a mathematical model [J]. International Journal of Rock Mechanics and Mining Sciences and Geomechanics Abstracts，33（4）：178.

Azzoni A，Freitas M. 1995. Experimentally gained parameters，decisive for rock fall analysis [J]. Rock Mechanics and Rock Engineering，28（2）：111-124.

Barla G，Paronuzzi P. 2013. The 1963 vajont landslide：50th anniversary [J]. Rock Mechanics and Rock Engineering，46（6）：1267-1270.

Biscarini C. 2010. Computational fluid dynamics modelling of landslide generated water waves [J]. Landslides，7：117-124.

Bozzolo D，Pamini B. 1986. Simulation of rock-falls down a valley side [J]. Acta Mechanica，63（1）：113-130.

Chau K T，Wond R H C，Lee C F. 1996. Rockfall problems in hong kong and some new experimental results for coefficient of restitution [J]. Int J Rock Mech Min Sci，35：662-663.

Chigira M. 1992. Long-term gravitational deformation of rocks by mass rock creep [J]. Engineering Geology, 32: 157-184.

Choi B H, Pelinovsky E, Kim D C, et al. 2008. Two- and three-dimensional computation of solitary wave runup on non-plane beach [J]. Nonlin. Processes Geophys., 15: 489-502.

Chow V T. 1960. Hydraulics of Open Channels [M]. The Maple Press Company, York, PA., USA.

Cruden D M, Hu X Q. 1994. Topples on underdip slopes in the Highwood Pass, Alberta, Canada [J]. Quarterly Journal of Engineering Geology, 27: 57-68.

Davidson D D, McCartney B L. 1975. Water waves generated by landslides in reservoirs [J]. J. Hydraulics Div. ASCE, 101: 1489-1501.

Day R W. 1997. Case studies of rockfall in soft versus hard Rock [J]. Environmental and Engineering Geoscience, 3 (1): 133-140.

Dourrier F, Dorren L, Nicot F, et al. 2009. Toward objective rockfall trajectory simulation using a stochastic impact model [J]. Geomorphology, 110 (3/4): 68-79.

Evans S G. 1989. Rock avalanche run-up record [J]. Nature, 340: 371.

Flow Science, Inc. 2012. Flow-3D User Manual [M]. The United State: Flow Science, Inc.

Fritz H M, Hager W H, Minor H E. 2004. Near field characteristics of landslide generated impulse waves [J]. ASCE J. Waterway, Port, Coastal and OceanEng, 130: 287-302.

Fritz H M, Hager W H, Minor H E. 2003. Landslide generated impulse waves-2. Hydrodynamic impact craters [J]. Exp Fluids, 35: 520-532.

Fritz H M. 2002. Initial phase of landslide generated impulse waves [D]. Zürich: VAW Publikationen.

Giani G, Giacomini A, Migliazza, et al. 2004. Experimental and theoretical studies to improve rock fall analysis and protection work design [J]. Rock Mechanics and Rock Engineering, 37 (5): 369-389.

Grilli S T, Watts P. 1999. Modeling of waves generated by a moving submerged body: applications to underwater landslides [J]. Eng Anal Bound Elem, 23 (8): 645-656.

Guzzetti F, Crosta G, Detti R. 2002. STONE: a computer program for the three-dimensional simulation of rock-falls [J]. Computers and Geosciences, 28 (9): 1079-1093.

Hall J V, Watts G M. 1953. Laboratory investigation of the vertical rise of solitary wave on impermeable slopes [R]. U. S. Army Corps of Engineers, Beach Erosion Board.

Harbitz C B. 1992. Model simulations of tsunamis generated by the Storegga slides [J]. Mar Geol., 105: 1-21.

Heim. 1932. Bergsturz und Menschenleben. Zurich, Fretz& WasmuthVerlag: 218.

Heller V, Hager W H, Minor H E. 2009. Landslide generated impulse waves in reservoirs: basics and computation [R]. Technical report. VAW, ETHZurich.

Heller V, Hager W H. 2011. Wave types of landslide generated impulse waves [J]. Ocean Engineering, 38: 630-640.

Heller V. 2007. Landslide Generated Impulse Waves: Prediction of Near Field Characteristics [D]. Zürich: Eidgenossische Technische Hochschule Zürich.

Heller V. 2007. Landslide Generated Impulse Waves-Prediction of Near Field Characteristics. ETH Zurich Report, 2007.

Hellmut R V. 2000. Deep-seated mass rock creep along theKarakoram Highway and its geomorphological consequences in the Middle Indus Valley near Chilas, Northern Pakistan [J]. Geol. Bull. Univ. Peshawar, (33): 11-27.

Huang B L, Chen L D, Peng X M, Liu G N, Chen X T, Dong H G, Lei T C. 2010. Assessment of the risk of rockfalls in Wu Gorge, Three Gorges, China. Landslidesm, 7: 1-11.

Huber A, Hager W H. 1997. Forecasting impulse waves in reservoirs [J]. Proc. 19th Congres Des Grands Barrages, ICOLD, Paris, Florence C, 31: 993-1005.

Huber, A. 1980. Schwallwellen in Seen als Folge von Bergstürzen. In: Vischer D (ed). Versuchsanstalt für Wasserbau, Hydrologie und Glaziologie, VAW-Mitteilung 47, ETH Zürich. (in German)

Ilayaraja K, Krishnamurthy R R, Jayaprakash M, Velmurugan P M, Muthuraj S. 2012. Characterization of the 26 December 2004 tsunami deposits in Andaman Islands (Bay of Bengal, India) [J]. Environ Earth Sci., 66: 2459-2476.

Imamura F, Gica E C. 1996. Numerical model for tsunami generation subaqueous landslide along a coast [J]. Sci Tsunami Hazards, 14: 13-28.

Iwasaki S. 1987. On the estimation of a tsunami generated by a submarine landslide [C]. Proc Intl Tsunami Symp, Vancouver, BC, 134-138.

Jiang L, LeBlond P H. 1992. The coupling of a submarine slide and the surface waves which it generates [J]. J Geoph Res., 97 (C8): 12731-12744.

Jones C L, Higgins J D, Andrew R D. 2000. Colorado Rockfall Simulation Program, Version 4.0 (for windows) [R]. Colorado: Colorado Department of Transportation, Colorado school of Mines, Colorado Geological Survey.

Kamphis J W, Bowering R J. 1971. Impulse waves generated by landslides [C]. ASCE. Proceedings of the 12th Coastal Engineering Conference, 1: 689-699.

Körner H J. 1976. Reichweite und Geschwindigkeit von Bergsturzen Und Fliessschneelawinen [J]. Rock Mechanics, 6: 71-110.

Levin B, Nosov M. 2009. Physics of Tsunamis [M]. Springer Science Bussiness Media, Heidelberg, Germany.

Lin P, Liu PL-F. 1998. A numerical study of breaking waves in the surf zone [J]. J Fluid Mech, 359: 239-264

Mader C L, Gittings M L. 2002. Modeling the 1958Lituya Bay mega-tsunami, II [J]. Sci Tsunami Hazards, 20: 241-250

Mangwandi C, Cheong Y, Adams M, et al. 2007. The coefficient of restitution of different representative types of granules [J]. Chemical Engineering Science, 62 (1/2): 437-450.

McAffee R P, Cruden D M. 1996. Landslides at rock glacier site, Highwood Pass, Alberta [J]. Can. Geotech. J., 33: 685-695.

Mohammed F, Fritz H M. 2012. Physical modeling of tsunamis generated by three-dimensional deformable granular landslides [J]. J. Geophys. Res., doi: 10.1029/2011JC007850.

Monaghan J J, Kos A. 1999. Solitary waves on a Cretan beach [J]. JWaterw Port Coast Ocean Eng, 125 (3): 145-154.

Monaghan J, Kos A. 2000. Scott Russell's wave generator [J]. Physics of Fluids, 12: 622-630.

Montagna F, Bellotti G, Di Risio M. 2011. 3D numerical modeling of landslide-generated tsunamis around a conical island [J]. Nat Hazards, 58: 591-608.

Murty T S, Aswathanarayana U, Nirupama N. 2007. The Indian Ocean Tsunami [M]. Taylor & Francis. London, U. K.

Müller D, Schurter M. 1993. Impulse waves generated by an artificially induced rockfall in a swiss lake [J]. Proc. 25th IAHR Congress, Tokyo, Japan, 4: 209-216.

Müller D. 1994. Physical modelling and field measurements of impulse waves [C]. Proc. Int. Symp. Waves-Physical and Numerical Modelling, Vancourver, Canada, 1: 307-315.

Najafi-Jilani A, Ataie-Ashtiani B. 2012. Laboratory investigation of wave run-up caused by landslides in dam reservoirs [J]. Quarterly Journal of Engineering Geology and Hydrogeology, 45: 89-98.

Nirupama N, Murty T S, Nistor I, Rao A D. 2006. The energetics of the tsunami of 26 December 2004 in the Indian Ocean: a brief review [J]. Mar. Geod., 29 (1), 39-48.

Nirupama N, Murty T S, Rao A D, Nistor I. 2005. Numerical tsunami models for the Indian Ocean countries and states [J]. Indian Ocean Survey, 2 (1), 1-14.

Noda E. 1970. Water waves generated by landslides [J]. Journal of waterways, Harbors and Coastal Engineering Division ASCE, 96 (WW4): 835-855.

Panizzo A, De G P, Petaccia A. 2006. Forecasting impulse waves generated by subaerial landslides [J]. Journal of Geophysical Research, 110 (C12): 1-23.

Panizzo A, Girolamo P D, Risio M D, Maistri A P. 2005. A Great landslide events in Italian artificial reservoirs [J]. Natural Hazards and Earth System Sciences, 5: 733-740.

Pastor M, Herreros I, Fernández M J A, et al. 2009. Modelling of fast catastrophic landslides and impulse waves induced by them in fjords, lakes and reservoirs [J]. Engineering Geology, (109): 124-134

Pelinovsky E, Poplavsky A. 1996. Simplified model of tsunami generation by submarine landslide [J]. Phys Chem Earth, 21 (12): 13-17.

Poisel R, Preh A, Hofmann R. 2011. Slope failure process recognition based on mass-movement induced structures [C]. 2nd Conference on Slope Tectonics, Vienna, Austria: 1-6.

Rocscience. 2002. Rocfall User Manual: Statistical Analysis of Rockfalls [M]. [Sl]: Rocscience Inc., 51-59.

Shan T, Zhao J D. 2014. A coupled CFD-DEM analysis of granular flow impacting on a water reservoir [J]. Acta Mech, 225: 2449-2470.

Silvia B, Marco P. 2011. Shallow water numerical model of the wave generated by the vajont landslide [J]. Environmental Modelling & Software, (26): 406-418.

Slingerland R L, Voight B. 1979. Occurrences, properties and predictive models of landslide-generated impulse waves [J]. Rockslides and avalanches, 2: 317-397.

Synolakis E C. 1987. The runup of solitary waves [J]. Journal of Fluid Mechanics, 185: 523-545.

Tariq I H R, Jarg R P, Watts P. 2007. The source mechanism and numerical modeling of the 1953 Suva tsunami, Fiji [J]. Marine Geology, (237): 55-70.

Terzaghi K. 1950. Mechanism of landslides [J]. Memoirs Geol. Soc. Amer., Berkey, 89-123.

Vinje T, Brevig P. 1981. Numerical simulation of breaking waves [J]. Adv Water Resource, 4: 77-82.

Walder J S, Watts P, Sorensen O E, Janssen K. 2003. Tsunamis generated by subaerial mass flows [J]. J Geophys Res, 108 (B5): 2236-2255.

Walter C. 2006. Surface water waves and tsunamis [J]. Journal of Dynamics and Differential Equations, 18 (3): 525-549.

Wang F W, Zhang Y, Huo Z, Peng X, Wang S, Yamasaki S. 2008. Mechanism for the rapid motion of the Qianjiangping landslide during reactivation by the first impoundment of the Three Gorges Dam reservoir, China [J]. Landslides, 5: 379-386.

Watts P, Grilli S T, Kirby J T, Fryer G J, Tappin D R. 2003. Landslide tsunami case studies using a Boussinesq model and a fully nonlinear tsunami generation model [J]. Nat Haz Earth Syst Sci, EGU 3 (5): 391-402.

Zweifel A, Hager WH, Minor H E. 2004. Plane impulse waves in reservoirs [J]. J Waterway Port Coast Ocean Eng, 132 (5): 358-368.

Zweifel A, Zuccala D, Gatti D. 2007. Comparison between computed and experimentally generated impulse waves [J]. Journal of Hydraulic Engineering, 133 (2): 208-216.